普通高等教育土木工程类专业信息化系列教材

工程量清单计价

主编　黄　耀　张钰彬　李晓琴

西安电子科技大学出版社

　　当前我国市场经济快速发展，为了适应工程管理体系和市场发展的需要，进一步规范建设工程的工程造价计价行为，中华人民共和国住房和城乡建设部发布了《建设工程工程量清单计价规范》(GB 50500—2013) 和《房屋建筑与装饰工程工程量计算规范》(GB 50854—2013)(均简称"13 规范")。本书依据"13 规范"及建设工程行业颁布的规范、标准编写，全书共 13 章，主要内容包括绪论，建筑面积，土石方工程，地基处理与桩基工程，砌筑工程，混凝土及钢筋混凝土工程，金属结构、门窗及木结构工程，屋面及防水、防腐、保温工程，脚手架工程，模板工程，装饰工程，实际工程项目的工程量清单及计价文件编制，工程结算与竣工决算等。

　　本书通俗易懂、实用性强，可作为高等院校工程造价、建设工程管理、建筑工程技术等专业学生的教材，也可作为工程造价从业者的学习指导书。

图书在版编目（CIP）数据

工程量清单计价 / 黄耀，张钰彬，李晓琴主编 . -- 西安：西安电子科技大学出版社，2023.8
ISBN 978 - 7 - 5606 - 6994 - 6

Ⅰ . ①工… Ⅱ . ①黄… ②张… ③李… Ⅲ . ①建筑工程—工程造价 Ⅳ . ① TU 723.3

中国国家版本馆 CIP 数据核字 (2023) 第 152700 号

策　　划　薛英英　刘统军
责任编辑　陈　婷
出版发行　西安电子科技大学出版社（西安市太白南路 2 号）
电　　话　(029)88202421　88201467　　邮　　编　710071
网　　址　www.xduph.com　　　　　　电子邮箱　xdupfxb001@163.com
经　　销　新华书店
印刷单位　陕西天意印务有限责任公司
版　　次　2023 年 8 月第 1 版　2023 年 8 月第 1 次印刷
开　　本　787 毫米 ×1092 毫米　1/16　印张　15.25
字　　数　359 千字
印　　数　1 ～ 2000 册
定　　价　45.00 元

ISBN　978 - 7 - 5606 - 6994 - 6 / TU

XDUP 7296001–1

＊＊＊ 如有印装问题可调换 ＊＊＊

前　言

　　"建设工程工程量清单计价实务"是高等院校工程造价、建设工程管理等专业普遍开设的一门专业课程。其教学目的是培养学生具备从事建设工程工程量清单计价的知识，具有编制建设工程工程量清单及投标报价等清单计价文件的能力，为学生毕业后从事有关工程造价管理工作奠定坚实的基础。本书立足于我国建设工程市场现状，结合专业人才的培养目标及工程造价专业从业人员的岗位要求，同时总结专业技能题库及指导书的相关内容编写而成，理论结合实践，体现了"实用和适用"的原则。

　　为更好地贯彻落实工程造价的相关方针政策，规范建设工程的工程计价行为，进一步提高工程造价专业学生分析、研究、解决工程量清单编制过程中出现的有关实际问题的综合素质与能力，本书除了介绍《建设工程工程量清单计价规范》(GB 50500—2013)和《房屋建筑与装饰工程工程量计算规范》(GB 50854—2013)(均简称"13规范"或《计价规范》)的内容外，还介绍了实际工程项目的工程量清单及计价文件编制、工程结算与竣工决算的相关内容。通过本书的学习，学生能系统掌握建设工程工程量清单计价的理论与方法，并通过实例加强清单计价在工程造价管理中的运用。

　　黄耀、张钰彬、李晓琴共同担任本书主编。具体编写分工为：黄耀负责第十一章的编写及附录的整理；李晓琴负责第一章、第二章、第三章、第四章、第五章的编写；张钰彬负责第六章、第七章、第八章、第九章、第十章、第十二章、第十三章的编写。正文中出现的项目编码为《房屋建筑与装饰工程工程量计算规范》(GB 50854—2013)中的统一编码。

　　本书在编写过程中参考了相关书籍及资料，在此向这些参考文献的作者表示感谢。本书的编写人员具有一定的教学经验和实践经验，但因工程造价技术工作涉及的知识面广，专业性强，书中难免存在不足之处，敬请读者提出意见和建议。

编　者
2023 年 5 月

目　录

第一章

绪 论

（1）了解建筑安装工程费用的基本概念。
（2）掌握建筑工程计量与计价的基本知识。

本章的知识结构图如图 1-1 所示。

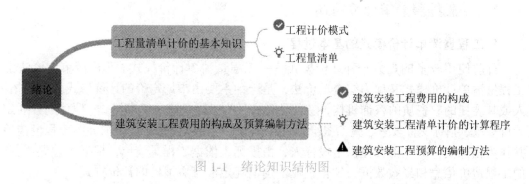

图 1-1　绪论知识结构图

　　当建筑工程竣工后，建设单位需要知道实际花费与开工前预期费用的差距有多大，施工单位也需要知道建造过程总共花费了多少钱，以便向建设单位结算。这就需要我们在建筑工程的各个施工阶段统计该阶段的工程数量（称为建筑工程计量）和费用（称为计价），以保证建筑工程的顺利进行。

　　思考：什么是建筑工程计量、计价？如何计算工程量？如何进行工程计价？

第一节　工程量清单计价的基本知识

一、工程计价模式

根据影响因素的不同,可将工程计价模式分为定额计价模式和工程量清单计价模式。

(一)定额计价模式

定额计价模式又称为工料计价法、定额计价法,是国家通过颁布统一的估价指标、概算定额、预算定额和相应的费用定额对建筑产品价格进行有计划管理的一种方式。它是指在工程计价中以国家建设行政主管部门发布的建设工程预算定额为依据,按定额规定的分部分项子目逐项计算工程量,套用定额单价(或单位估价表)确定工程直接费,然后按规定取费标准确定构成工程价格的其他费用和利税,最后汇总以获得建筑工程造价。

按定额计价模式确定的建筑工程造价,由于各种文件规定了人工、材料、机械单价及各种取费标准,因此在一定程度上防止了高估冒算和压级压价,但也对市场竞争起到了抑制作用,不利于促进施工企业改进技术、加强管理、提高劳动效率和市场竞争力。

(二)工程量清单计价模式

1.工程量清单计价模式的基本过程

目前使用较多的是另一种计价模式——工程量清单计价模式(又称清单计价法)。工程量清单计价模式又称为综合单价法,是一种主要由市场定价的计价模式。它是招标人或其委托的有资质的咨询机构,按照国家统一的工程量清单标准格式、项目划分规定、计价规范、招标文件要求、施工图纸,编制反映工程实体消耗和措施消耗的工程量清单,并作为招标文件的一部分提供给投标人,由投标人依据工程量清单,根据各种渠道获得的工程造价信息和经验数据,结合企业个别消耗定额自主报价的计价方式。

工程量清单计价模式的基本过程如图 1-2 所示。

2.程量清单计价模式的特点

与传统的定额计价模式相比,工程量清单计价模式具有如下特点:

(1) 招标人为投标人提供了相同的竞争平台。招标人提供的工程量清单是投标人报价的统一平台,可以减少投标人重复计算工程量的工作,有利于提高投标的工作效率。

(2) 有利于企业自主报价。在工程量清单计价模式下,投标人投标报价不用依靠统一的预算定额,而是可以依照企业的施工组织设计、企业定额、人材机市场价及企业自主确定的管理水平和利润水平确定投标价。

(3) 有利于实现风险的合理分担。采用工程量清单计价模式后,招标人提供工程量

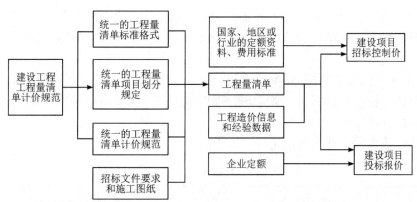

图 1-2 工程量清单计价模式的过程示意图

清单，并负责清单的准确性；投标人根据工程量清单和企业具体情况填报价格，价格的准确性由投标人负责。在这种模式下，招标人主要承担工程量变化的风险，而投标人对报价的准确性和完备性负责，这种模式符合风险合理分担的原则。

(4) 实行最高限价制度。招标控制价是招标人根据国家或省级、行业建设主管部门的有关计价依据和办法，以及拟定的招标文件和招标工程量清单，结合工程具体情况编制的招标工程的最高投标限价。实施工程量清单计价模式的工程招标时，为避免投标人串标及哄抬标价，招标人应编制招标控制价并在招标文件中公布，同时规定若投标人报价超出招标控制价，其投标将作废标处理。

(5) 有利于激发企业创新工艺、提高管理水平的积极性。在工程量清单计价模式下，企业的竞争力通过较低的投标价来体现，要想在低价的情况下保证一定的利润，必须不断改进，革新施工工艺，改善施工组织和管理，以逐步降低企业成本，增强企业竞争力。

（三）工程量清单计价模式和定额计价模式的区别

(1) 编制工程量的单位不同。传统的定额计价法中建设工程的工程量是由招标单位和投标单位分别按图计算的。而清单计价法中的工程量由招标单位统一计算或委托有工程造价咨询资质的单位进行统一计算。工程量清单是招标文件的重要组成部分，各投标单位根据招标人提供的工程量清单，根据自身的技术装备、施工经验、企业成本、企业定额、管理水平自主填写报价单。

(2) 编制工程量清单的时间不同。清单计价法中的工程量是在发出招标文件之前开始编制的，而定额计价法的工程量则是在发出招标文件之后编制的（招标与投标人同时编制或投标人编制在前、招标人编制在后）。

(3) 编制的依据不同。定额计价法依据图纸，人工、材料、机械台班消耗量，建设行政主管部门颁发的预算定额，人工、材料、机械台班单价，以及工程造价管理部门发布的价格信息进行计算。而清单计价法根据《计价规范》的规定，招标控制价要根据招标文件中的工程量清单和有关要求、施工现场情况、合理的施工方法以及建设行政主管部门制定的有关工程造价计价办法编制；企业的投标报价则根据企业定额和市场价格信息或建设行政主管部门发布的社会平均消耗定额编制。

(4) 计价形式不同。定额计价法一般是工料单价法。清单报价法则采用综合单价的形式，其报价具有直观、单价相对固定的特点；工程量发生变化时，单价一般不作调整。

(5) 费用的组成不同。定额计价法的工程造价包括人工费、材料费、施工机具使用费、利润、规费和税金。清单计价法的工程造价由分部分项工程费、措施项目费、其他项目费、规费、税金组成。

(6) 采用的评标方法不同。定额计价法招投标一般采用百分制评分法,以最高分中标。而采用清单计价法招投标时,一般采用合理低报价中标法,既对总价评分,又对综合单价进行分析评分。

定额计价法和清单计价法的主要区别见表 1-1。

表 1-1　定额计价法与清单计价法的主要区别

对比项目	定额计价法	清单计价法
编制工程量的单位	招标单位和投标单位分别按图计算	由招标单位统一计算或委托有工程造价咨询资质的单位进行统一计算
费用组成	人工费、材料费、施工机具使用费、利润、规费和税金	分部分项工程费、措施项目费、其他项目费、规费、税金
计价形式	工料单价	综合单价
编制时间	在发出招标文件之后编制	发出招标文件之前开始编制
编制依据	图纸,人工、材料、机械台班消耗量,建设行政主管部门颁发的预算定额,工程造价管理部门发布的价格信息	招标控制价要根据招标文件中的工程量清单和有关要求、施工现场情况、合理的施工方法以及建设行政主管部门制定的有关工程造价计价办法编制; 投标报价则根据企业定额和市场价格信息或建设行政主管部门发布的社会平均消耗定额编制
评标方法	百分制评分法	合理低报价中标法

二、工程量清单

(一)工程量清单的概念

工程量清单是指载明建设工程的分部分项工程项目、措施项目、其他项目、规费项目和税金项目的名称和相应数量等内容的明细清单。工程量清单包括招标工程量清单和已标价工程量清单。

(1) 招标工程量清单。根据《计价规范》,招标工程量清单是指招标人或其委托的咨询人依据国家标准、招标文件、设计文件及施工现场实际情况编制的，随招标文件共同发布供投标报价的工程量清单，内容包括清单说明和相应表格。

(2) 已标价工程量清单。根据《计价规范》，已标价工程量清单是指投标人对招标工程量清单已标明价格，并被招标人接受，构成合同文件组成部分的工程量清单，内容包括清单编制说明和相应表格。

(二) 工程量清单的组成

工程量清单由分部分项工程量清单、措施项目清单、其他项目清单、规费项目清单、税金项目清单组成。

1. 分部分项工程量清单

分部分项工程量清单必须包括项目编码、项目名称、项目特征、计量单位和工程量。分部分项工程量清单必须根据现行国家计量规范规定的相关工程的项目编码、项目名称、项目特征、计量单位和工程量计算规则进行编制。

1) 项目编码

项目编码是分部分项工程和措施项目清单名称的阿拉伯数字标识。项目编码以五级编码设置，并采用十二位阿拉伯数字表示。前四级编码(即一至九位)为全国统一的编码，应按《计价规范》附录的规定设置；第五级(即十至十二位)为清单项目名称顺序码，应根据拟建工程的工程量清单项目名称和项目特征编制，这三位项目编码由招标人针对招标工程项目实际情况具体编制，并应从001起顺序编制。同一招标工程或同一标段的项目编码不得有重码，一个项目只有一个编码。

各级编码代表的含义如图1-3所示。

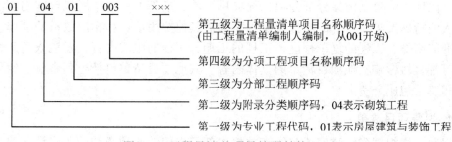

图 1-3 工程量清单项目编码结构

2) 项目名称

分部分项工程项目清单的项目名称应按《计价规范》附录的项目名称结合拟建工程的实际情况确定。

附录表中的"项目名称"为分项工程项目名称，是形成分部分项工程项目清单项目名称的基础，即在编制分部分项工程项目清单时，以附录中的分项工程项目名称为基础，同时考虑该项目的规格、型号、材质等特征要求，结合拟建工程的实际情况，使其工程量清单项目名称具体化、详细化，以反映影响工程造价的主要因素。

清单的项目名称应表述详细、准确，《计价规范》中的分项工程项目名称如有缺漏，招标人可自行补充，并报当地工程造价管理机构备案。

3) 项目特征

项目特征是构成分部分项工程项目、措施项目自身价值的本质特征。项目特征是对项目的准确表述，是确定一个清单项目综合单价不可缺少的重要依据，是区分不同清单项目的依据，也是履行合同义务的基础。分部分项工程项目清单的项目特征应按《计价规范》附录中规定的项目特征，结合技术规范、标准图集、施工图纸，按照工程结构、使用材质及规格或安装位置等，进行详细且准确的描述和说明。

凡项目特征中未描述到的其他独有特征，由清单编制人根据项目具体情况确定，以准确描述清单项目为准。

4) 计量单位

工程量清单的计量单位应按《计价规范》附录中规定的计量单位确定。当计量单位有两个或两个以上时，应结合拟建工程项目的实际情况，选择最适宜表述项目特征并方便计量的其中一个为计量单位。

5) 工程量

工程量清单中所列工程量应按《计价规范》附录中规定的工程量计算规则计算。

2. 措施项目清单

措施项目是指为1完成工程项目施工，发生于该工程施工准备和施工过程中的技术、生活、安全、环境保护等方面的项目。措施项目清单应根据《计价规范》的规定编制，并应根据拟建工程的实际情况列项。

3. 其他项目清单

其他项目清单是指除分部分项工程项目清单、措施项目清单所包含的内容以外，因招标人的特殊要求而产生的与拟建工程有关的其他费用项目和相应数量的清单。工程建设标准的高低、工程的复杂程度、工程的工期、工程的组成内容、发包人对工程管理的要求等都直接影响其他项目清单的具体内容。其他项目清单包括暂列金额、暂估价、计日工和总承包服务费。

4. 规费项目清单

规费是指根据省级政府或省级有关权力部门规定的必须缴纳的、应计入建筑工程造价的费用。它包括社会保险费(养老保险费、失业保险费、医疗保险费、工伤保险费、生育保险费)、住房公积金、工程排污费等。出现《计价规范》中未列的项目时，应根据省级政府或省级有关权力部门的规定列项。

5. 税金项目清单

税金项目清单包括由国家税法规定的、应计入建筑工程造价内的增值税等。出现《计价规范》未列的项目时，应根据税务部门的规定列项。

（三）工程量清单的格式

(1) 工程量清单格式的组成内容。工程量清单应采用统一格式，由下列内容组成：

① 封面；

② 总说明；

③ 分部分项工程量清单；

④ 措施项目清单；

⑤ 其他项目清单；

⑥ 规费和税金项目清单。

(2) 工程量清单的填写要求应符合下列规定：

① 工程量清单应由招标人填写。

② 填表须知除规范内容外，招标人可根据具体情况进行补充。

③ 总说明应按下列内容填写：

a. 工程概况：建设规模、工程特征、计划工期、施工现场实际情况、交通运输情况、自然地理条件、环境保护要求等；

b. 工程招标与分包范围；

c. 工程量清单编制依据；

d. 工程质量、材料、施工等的特殊要求；

e. 招标人自行采购材料的名称、规格型号、数量等；

f. 暂列金额、专业工程、材料暂估价、计日工数量等；

g. 其他需要说明的问题。

(3) 工程量清单的封面如图 1-4 所示。总说明如图 1-5 所示。工程量清单的相关表格如表 1-2 ～表 1-11 所示。

工程

招标工程量清单

招 标 人：

（单位盖章）

造价咨询人：

（单位盖章）

年 月 日

封—1

图 1-4 工程量清单封面

工程名称： 第 页共 页

图 1-5 总说明

表 1-2 分部分项工程量清单

序号	项目编码	项目名称	项目特征	计量单位	工程量	金额 / 元		
						综合单价	合价	其中暂估价
本页小计								
合 计								

表 1-3 措施项目清单（一）

序号	项目编码	项目名称	计算基础		
			定额 (人工费 + 机械费)	费率 /%	金额 / 元
1	011707001001	安全文明施工			
1.1	①	环境保护			
1.2	②	文明施工			
1.3	③	安全施工			
1.4	④	临时设施			
2	011707002001	夜间施工			
3	011707003001	非夜间施工照明			
4	011707004001	二次搬运			
5	011707005001	冬雨季施工			
6	011707006001	地上、地下设施，建筑物的临时保护设施			
7	011707007001	已完工程及设备保护			
8	011707008001	工程定位复测费			
合 计					

表 1-4 措施项目清单（二）

序号	项目编码	项目名称	项目特征描述	计量单位	工程量	金额/元	
						综合单价	合价
本页小计							
合 计							

表 1-5 其他项目清单

序号	项目名称	金额/元	结算金额/元	备注
1	暂列金额			
2	暂估价			
2.1	材料（工程设备）暂估价/结算价			
2.2	专业工程暂估价/结算价			
3	计日工			
4	总承包服务费			
合 计				

注：材料（工程设备）暂估单价进入清单项目综合单价，此处不汇总。

表 1-6 暂列金额明细表

序号	项目名称	计量单位	暂定金额/元	备注
合 计				

注：此表由招标人填写，如不能详列，也可只列暂定金额总额，投标人应将上述暂列金额计入投标总价中。

表 1-7　材料暂估单价表

序号	材料(工程设备)名称、规格、型号	计量单位	数量		暂估/元		备注
			暂估	确认	单价	合价	
合　计							

注：此表由招标人填写"暂估单价"，并在备注栏说明暂估价的材料、工程设备拟用在哪些清单项目上，投标人应将上述材料、工程设备暂估单价计入工程量清单综合单价报价中。工程结算时，依据承发包双方确认价调整差额。

表 1-8　专业工程暂估表

序号	工程名称	工程内容	暂估金额/元	结算金额/元	备注
合　计					

注：此表"暂估金额"由招标人填写，投标人应将"暂估金额"计入投标总价中。结算时按合同约定结算金额填写。

表 1-9　计 日 工 表

编号	项目名称	单位	暂定数量	综合单价/元	合价/元
一	人工				
1	房屋建筑、仿古建筑、市政、园林绿化、抹灰工程、构筑物、爆破、城市轨道交通、既有及小区改造房屋建筑维修与加固、城市地下综合管廊、绿色建筑、装配式房屋建筑、城市道路桥梁养护维修、排水管网非开挖修复工程普工	工日			

编号	项目名称	单位	暂定数量	综合单价/元	合价/元
2	装饰（抹灰工程除外）、通用安装工程普工	工日			
3	房屋建筑、仿古建筑、市政、园林绿化、抹灰工程、构筑物、爆破、城市轨道交通、既有及小区改造房屋建筑维修与加固、城市地下综合管廊、绿色建筑、装配式房屋建筑、城市道路桥梁养护维修、排水管网非开挖修复工程技工	工日			
4	装饰（抹灰工程除外）、通用安装工程技工	工日			
5	高级技工	工日			
人工小计					
二	材料				
材料小计					
三	施工机械				
施工机械小计					
合 计					

表 1-10 总承包服务费

序号	项目名称	项目价值/元	服务内容	费率/%	金额/元
合 计					

注：此表"暂估金额"由招标人填写，投标人应将"暂估金额"计入投标总价中。结算时按合同约定结算金额填写。

表 1-11　规费及税金清单项目表

序号	项目名称	计算基础	计算基数	计算费率 /%	金额 / 元
1	规费	分部分项清单定额人工费 + 单价措施项目清单定额人工费			
2	税金	分部分项及单价措施项目费 + 总价措施项目费 + 其他项目费 + 规费 + 创优质工程奖补偿奖励费 - 按规定不计税的工程设备金额 - 其中的除税甲供材料 (设备) 费			
3	附加税	分部分项及单价措施项目费 + 总价措施项目费 + 其他项目费 + 规费 + 创优质工程奖补偿奖励费 - 按规定不计税的工程设备金额 - 其中的除税甲供材料 (设备) 费			
	合　计				

第二节　建筑安装工程费用的构成及预算编制方法

一、建筑安装工程费用的构成

（一）建筑安装工程费用的概念

建筑安装工程费是指为完成工程项目建造、生产性设备及配套工程安装所需的费用。根据住房和城乡建设部、财政部颁布的《关于印发〈建筑安装工程费用项目组成〉的通知》(建标〔2013〕44 号)，我国现行建筑安装工程费用项目按两种不同的方式划分，即按费用构成要素划分和按造价形成划分，其具体组成如图 1-6 所示。

（二）按构成要素划分建筑安装工程费用

建筑安装工程费用按费用构成要素组成划分为人工费、材料费、施工机具使用费、

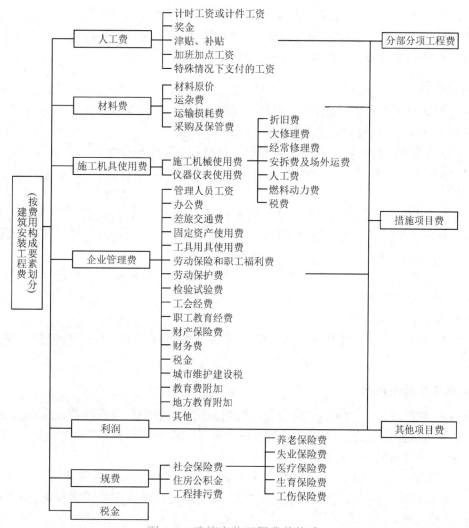

图 1-6 建筑安装工程费的构成

企业管理费、利润、规费和税金。

1. 人工费

人工费是指按工资总额构成规定，支付给从事建筑安装工程施工的生产工人和附属生产单位工人的各项费用，其中包括的主要内容如下：

(1) 计时工资或计件工资：指按计时工资标准和工作时间或对已做工作按计件单价支付给个人的劳动报酬。

(2) 奖金：指对超额劳动和增收节支支付给个人的劳动报酬，如节约奖、劳动竞赛奖等。

(3) 津贴补贴：指为了补偿职工特殊或额外的劳动消耗和因其他特殊原因支付给个人的津贴，以及为了保证职工工资水平不受物价影响支付给个人的物价补贴，如流动施工津贴、特殊地区施工津贴、高温 (寒) 作业临时津贴、高空津贴等。

(4) 加班加点工资：指按规定支付的在法定节假日工作的加班工资和在法定日工作时间外延时工作的加点工资。

(5) 特殊情况下支付的工资：指根据国家法律、法规和政策规定，因病、工伤、产假、计划生育假、婚丧假、事假、探亲假、定期休假、停工学习、执行国家或社会义务等原因按计时工资标准或计时工资标准的一定比例支付的工资。

2. 材料费

材料费是指施工过程中耗费的原材料、辅助材料、构配件、零件、半成品或成品、工程设备的费用，其中包括的主要内容如下：

(1) 材料原价：指材料、工程设备的出厂价格或商家供应价格。

(2) 运杂费：指材料、工程设备自来源地运至工地仓库或指定堆放地点所发生的全部费用。

(3) 运输损耗费：指材料在运输装卸过程中不可避免的损耗。

(4) 采购及保管费：指为组织采购、供应和保管材料、工程设备的过程中所需要的各项费用。包括采购费、仓储费、工地保管费、仓储损耗。

(5) 工程设备：指构成或计划构成永久工程一部分的机电设备、金属结构设备、仪器装置及其他类似的设备和装置。

材料费计算公式如下：

$$材料单价 = (材料单价 + 运杂费) \times (1 + 运输损耗率) \times (1 + 采购保管费率)$$

$$材料费 = \sum (材料消耗量 \times 材料单价)$$

3. 施工机具使用费

施工机具使用费是指施工作业所发生的施工机械、仪器仪表使用费或其租赁费。

(1) 施工机械使用费：以施工机械台班耗用量乘以施工机械台班单价表示，其中施工机械台班单价由以下 7 项费用组成：

① 折旧费：指施工机械在规定的使用年限内，陆续收回其原值的费用。

② 大修理费：指施工机械按规定的大修理间隔台班进行必要的大修理，以恢复其正常功能所需的费用。

③ 经常修理费：指施工机械除大修理以外的各级保养和临时故障排除所需的费用。它包括为保障机械正常运转所需的替换设备与随机配备工具附具的摊销和维护费用，机械运转中日常保养所需的润滑与擦拭的材料费用及机械停滞期间的维护和保养费用等。

④ 安拆费及场外运费：指施工机械 (大型机械除外) 在现场进行安装与拆卸所需的人工、材料、机械和试运转费用以及机械辅助设施的折旧、搭设、拆除等费用；场外运费是指施工机械整体或分体自停放地点运至施工现场或由一施工地点运至另一施工地点的运输、装卸、辅助材料及架线等费用。

⑤ 人工费：指机上司机 (司炉) 和其他操作人员的人工费。

⑥ 燃料动力费：指施工机械在运转作业中所消耗的各种燃料及水、电等的费用。

⑦ 税费：指施工机械按照国家规定应缴纳的车船税、保险费及年检费等。

施工机械使用费计算公式如下：

$$机械台班单价 = 台班折旧费 + 台班大修费 + 台班经常修理费 + 台班安拆费及场外运费 + 台班人工费 + 台班燃料动力费 + 台班税费$$

$$施工机械使用费 = \sum (施工机械台班消耗量 \times 机械台班单价)$$

(2) 仪器仪表使用费：指工程施工所需使用的仪器仪表的摊销及维修费用。

4. 企业管理费

企业管理费是指建筑安装企业组织施工生产和经营管理所需的费用。其包括的内容有管理人员工资、办公费、差旅交通费、固定资产使用费、工具用具使用费、劳动保险和职工福利费、劳动保护费、检验试验费、工会经费、职工教育经费、财产保险费、财务费、税金和其他。

5. 利润

利润是指施工企业完成所承包工程获得的盈利。

6. 规费

规费是指按国家法律、法规规定，由省级政府和省级有关权力部门规定的必须缴纳或计取的费用，具体包括以下内容：

(1) 社会保险费：包括养老保险费、失业保险费、医疗保险费、生育保险费和工伤保险费。

(2) 住房公积金。

(3) 工程排污费。

7. 税金

建筑安装工程费用中的税金就是指增值税，按税前造价乘以增值税税率确定。当采用一般计税方法时，建筑业增值税税率为9%。

（三）按造价形成划分建筑安装工程费用

建筑安装工程费用按工程造价形成划分为分部分项工程费、措施项目费、其他项目费、规费、税金。其中，分部分项工程费、措施项目费、其他项目费均包含人工费、材料费、施工机具使用费、企业管理费和利润。

1. 分部分项工程费

分部分项工程费是指各专业工程的分部分项工程应予列支的各项费用，包括人工费、材料费、施工机械使用费、企业管理费和利润。其中，施工过程中耗费的构成实体的各项费用(即人工费、材料费、施工机械使用费)之和称为直接工程费。

(1) 人工费：指直接从事建筑安装工程施工的生产工人开支的各项费用。

(2) 材料费：指施工过程中耗费的构成工程实体的原材料、辅助材料、构配件、零件、半成品的费用。

(3) 施工机械使用费：指使用施工机械作业所发生的费用。

(4) 管理费：指建筑安装企业组织施工生产和经营管理所需要的费用。

(5) 利润：指按企业经营管理水平和市场的竞争能力，完成工程量清单中各个分项工程应获得并计入清单项目的利润。

分部分项工程费用中，还应考虑一定的风险因素，计算风险费用。风险费用是指投标企业在确定工程费用时，客观上可能产生的不可避免的误差，以及在施工过程中遇到施工现场条件复杂、恶劣的自然条件、施工意外事故、物价暴涨以及其他风险因素所产生的费用。

2. 措施项目费

措施项目费是指为完成建设工程施工，发生于该工程施工前和施工过程中的技术、生活、安全、环境保护等方面的费用，其主要内容包括以下几项：

(1) 安全文明施工费：指包括环境保护费、文明施工费、安全施工费和临时设施费。

(2) 夜间施工增加费：指因夜间施工所发生的夜班补助费、夜间施工降效、夜间施工照明设备摊销及照明用电等费用。

(3) 二次搬运费：指因施工场地条件限制而发生的材料、构配件、半成品等一次运输不能到达堆放地点，必须进行二次或多次搬运所发生的费用。

(4) 冬雨季施工增加费：指在冬季或雨季施工需增加的临时设施、防滑、排除雨雪以及人工及施工机械效率降低等增加的费用。

(5) 已完工程及设备保护费：指竣工验收前，对已完工程及设备采取的必要保护措施所发生的费用。

(6) 工程定位复测费：指工程施工过程中进行全部施工测量放线和复测工作的费用。

(7) 特殊地区施工增加费：指工程在沙漠或其边缘、高海拔、高寒、原始森林等特殊地区施工增加的费用。

(8) 大型机械设备进出场及安拆费：指机械整体或分体自停放场地运至施工现场或由一个施工地点运至另一个施工地点，所发生的机械进出场运输和转移费用，以及机械在施工现场的安装和拆卸费用。

(9) 脚手架工程费：指施工需要的各种脚手架搭、拆、运输费用以及脚手架购置费的摊销 (或租赁) 费用。

3. 其他项目费

其他项目费包括暂列金额、暂估价、计日工、总承包服务费。

(1) 暂列金额：指招标人在工程量清单中暂定并包括在合同价款中的一笔款项，用于施工合同签订时尚未确定或者不可预见的所需材料、设备、服务的采购，施工中可能发生的工程变更、合同约定调整因素出现时的价款调整以及发生的索赔和现场签证确认等的费用。

(2) 暂估价：指招标人在工程量清单中提供的用于支付必然发生但暂时不能确定价格的材料、工程设备的单价以及专业工程的金额，包括材料暂估单价、工程设备暂估单价和专业工程暂估价。

(3) 计日工：指在施工过程中，完成业主提出的施工图纸以外的零星项目或工作。

这里所说的零星项目、工作一般是指合同约定之外的或者因变更而产生的、工程量清单中没有相应项目的额外工作，尤其是那些不允许事先商定价格的额外工作。

(4) 总承包服务费：指总承包人为配合协调业主进行的对工程分包自行采购设备、材料等进行管理、服务以及施工现场管理、竣工资料汇总整理等服务所需的费用。

4. 规费

规费的定义与按构成要素组成划分中的相同。

5. 税金

税金的定义与按构成要素组成划分中的相同。

二、建筑安装工程清单计价的计算程序

建筑安装工程清单计价采用综合单价法。综合单价法是以分部分项工程量乘以综合单价，得出分部分项工程费用，再计算出措施项目费、规费、其他项目费、税金等，汇总得出单位工程造价。各部分的计算公式如下：

$$分部分项工程费 = \sum 分部分项工程量 \times 相应分部分项综合单价$$

$$措施项目费 = \sum 各措施项目费$$

$$其他项目费 = 暂列金额 + 暂估价 + 计日工 + 总承包服务费$$

$$建筑安装工程费 = 分部分项工程费 + 措施项目费 + 规费 + 其他项目费 + 税金$$

建筑安装工程的工程量清单计价的基本原理为：按照《计价规范》规定，在各相应专业工程计量规范规定的工程量清单项目设置和工程量计算规则的基础上，针对具体工程的施工图纸和施工组织设计计算出各个清单项目的工程量，并根据规定的方法计算出综合单价，再汇总各清单合价得出工程总价。

（一）综合单价计价程序

综合单价是指完成一个规定清单项目所需的人工费、材料和工程设备费、施工机具使用费和企业管理费、利润以及一定范围内的风险费用。风险费用是隐含于已标价工程量清单综合单价中，用于化解发承包双方在工程合同中约定内容和范围内的市场价格波动风险的费用。

以直接费用中的人工费和机械费之和为基数计算该分项的其他费用，确定综合单价的计价程序见表 1-12。

表 1-12 以人工费和机械费为基数的计价程序

序 号	费用名称	计 算 式
1	分项直接工程费	人工费 + 材料费 + 机械费 + 未计价主材费
2	其中：人工费和机械费	
3	分项措施项目费	按计价规定计算
4	其中：人工费 + 机械费	
5	企业管理费	(2 + 4) × 费率
6	利润	(2 + 4) × 利润率
7	人、材、机价差调整	
8	风险费	按招标文件要求由投标人自定
9	综合单价	1 + 3 + 5 + 6 + 7 + 8

（二）工程量清单计价程序

工程量清单计价活动涵盖施工招标、合同管理以及竣工交付全过程，主要包括编制

招标工程量清单、招标控制价、投标报价，确定合同价，进行工程计量与价款支付、合同价款的调整、工程结算和工程计价纠纷处理等活动。工程量清单计价程序见表1-13。

表 1-13　工程量清单计价程序

序　号	内　容	计　算　方　法
1	分部分项工程费	$\sum$ (分部分项工程量清单 × 综合单价)
2	措施项目费	(1) + (2)
(1)	其中：总价措施费	$\sum$ (计算基数 × 费率)
(2)	其中：单价措施费	$\sum$ (分部分项工程量清单 × 综合单价)
3	其他项目费	(1) +(2) +(3) +(4)
(1)	其中：暂列金额	招标文件提供金额计取
(2)	其中：专业工程暂估价	招标文件提供金额计取
(3)	其中：计日工	投标人自主报价
(4)	其中：总承包服务费	投标人自主报价
4	规费	按规定标准计取
5	税金	(1 + 2 + 3 + 4) × 费率
工程造价 = 1 + 2 + 3 + 4 + 5			

三、建筑安装工程预算的编制方法

《计价规范》规定，全部使用国有资产投资或以国有资产投资为主的工程建设项目，必须采用工程量清单计价。

工程量清单计价的基本过程可以总结为：招标人在统一的工程量清单计算规则的基础上，按照统一的工程量清单计价表格、统一的工程量清单项目设置规则，根据具体工程的施工图纸编制工程量清单，计算出各个清单项目的工程量，编制工程量清单；投标人根据各种渠道所获得的工程造价信息和经验数据，结合企业定额计算编制工程投标报价。所以，采用清单计价编制建筑安装工程预算的过程分为两个阶段：工程量清单编制和工程量清单计价。

（一）建筑安装工程预算编制依据

建筑安装工程施工图预算编制必须遵循下列依据：

(1) 国家、行业和地方政府有关工程建设和工程造价管理的法律、法规和规定。

(2) 经过批准和会审的施工图设计文件，包括设计说明书、施工图纸、图纸会审纪要、设计变更通知单以及经建设主管部门批准的设计概算文件。

(3) 施工现场勘查地质、水文、地貌、交通、环境及标高测量资料等。

(4) 工程量清单计价规范、预算定额、地区材料市场与预算价格等相关信息以及省造价部门颁布的材料预算价格、工程价格信息、材料调价通知、取费调价通知等。

(5) 当工程采用新结构、新材料、新工艺、新设备，而预算定额缺项时，按规定编制的补充预算定额也是编制施工图预算的依据。

(6) 合理的施工组织设计和施工方案等文件。

(7) 工程量清单、招标文件、工程合同或协议书。

(8) 项目有关的设备、材料供应合同、价格及相关说明书。

(9) 项目的技术复杂程度，以及新技术、专利使用情况等。

(10) 项目所在地区有关的气候、水文、地质地貌等的自然条件以及项目所在地区有关的经济、人文等社会条件。

(11) 预算工作手册、常用的各种数据、计算公式、材料换算表、常用标准图集及各种必备的工具书。

（二）工程量清单编制

1. 工程量清单编制依据

工程量清单的编制依据主要有以下几点：

(1)《建设工程工程量清单计价规范》(GB 50500—2013) 等。

(2) 国家或省级、行业建设主管部门颁发的计价定额和办法。

(3) 建设工程设计文件及相关资料。

(4) 与建设工程有关的标准、规范、技术资料。

(5) 拟定的招标文件。

(6) 施工现场情况、地勘水文资料、工程特点及常规施工方案。

(7) 其他相关资料。

2. 工程量清单编制方法

工程量清单是表示建设工程的分部分项工程项目、措施项目、其他项目、规费和税金的名称和相应数量等的明细清单，是由招标人或其委托的工程造价咨询机构按照《计价规范》附录中统一的项目编码、项目名称、项目特征、计量单位和工程量计算规则，结合施工设计文件、施工现场情况、工程特点、常规施工方案和招投标文件中有关要求等进行编制的，包括分部分项工程清单、措施项目清单、其他项目清单、规费项目清单、税金项目清单。它是招投标过程中的一种技术文件，是招标文件的组成部分，一经中标签订合同即成为合同的组成部分。工程量清单的描述对象是拟建工程，其内容涉及清单项目的性质、数量等，并以表格为主要表现形式。

(1) 工程量清单总说明的编制。

工程量清单编制总说明包括工程概况，工程招标及分包范围，工程量清单编制依据，工程质量、材料、施工等的特殊要求以及其他需要说明的事项。

① 工程概况。工程概况中要对建设规模、工程特征、计划工期、施工现场实际情况、自然地理条件、环境保护要求等做出描述。

② 工程招标及分包范围。招标范围是指单位工程的招标范围，工程分包是指特殊

工程项目的分包,如招标人自行采购安装电梯等。

③ 工程量清单编制依据。此依据包括建设工程工程量清单计价规范、设计文件、招标文件、施工现场情况、工程特点及常规施工方案等。

④ 工程质量、材料、施工等的特殊要求。工程质量的要求,是指招标人拟建工程的质量应达到合格或优良标准;对材料的要求,是指招标人根据工程的重要性、使用功能及装饰装修标准提出,诸如对水泥的品牌、钢材的生产厂家、花岗石的出产地及品牌等的要求;施工要求,一般是指建设项目中对单项工程的施工顺序等的要求。

(2) 分部分项工程量清单的编制。

分部分项工程量清单必须载明项目编码、项目名称、项目特征、计量单位和工程量。分部分项工程项目清单必须根据各专业工程计量规范规定的项目编码、项目名称、项目特征、计量单位和工程量计算规则进行编制。在分部分项工程量清单的编制过程中,由招标人负责前六项内容,填写金额部分在编制招标控制价或投标报价时填写。

① 项目编码。分部分项工程清单项目编码采用十二位阿拉伯数字表示。一至九位应按工程量计价规范附录的规定设置,十至十二位应根据拟建工程的工程量清单项目名称和项目特征编制,从 001 起按顺序编制。当同一标段或同个合同项目中有多个单位工程时,编制工程量清单时需要特别注意,项目编码的十至十二位不得有重码的情况出现。

② 项目名称。分部分项工程项目清单的项目名称应按各专业工程的工程量计价规范附录的项目名称结合拟建工程的实际确定。

③ 项目特征。分部分项工程项目清单的项目特征应按各专业工程的工程量计价规范附录中规定的项目特征,结合技术规范、标准图集、施工图纸,按照工程结构、使用材质及规格或安装位置等予以详细而准确的表述和说明。

④ 计量单位。工程量清单的计量单位应按《计价规范》附录中规定的计量单位确定。当计量单位有两个或两个以上时,应结合拟建工程项目的实际情况,选择最适宜表述项目特征并方便计量的其中一个为计量单位。

⑤ 工程量的计算。工程量清单中所列工程量应按《计价规范》附录中规定的工程量计算规则计算。为了便于工程量的计算和审核,避免出现漏算或重算的现象,提高计算的准确程度,工程量的计算应按照一定的顺序和方法进行。

a. 计算口径一致。计算工程量时,根据施工图列出的分项工程应与《计价规范》中相应分项工程的口径相一致,因此在划分项目时一定要符合《计价规范》中该项目所包括的工程内容。

b. 遵循工程量计算规则。在计算工程量时,必须严格执行《计价规范》中所规定的工程量计算规则,以免造成误差,影响工程造价的准确性。例如,楼地面装饰面积按实铺面积计算,不扣除 0.1 m² 以内孔洞所占面积;拼花部分按实贴面积计算。

c. 按图纸计算。按照分项工程列项,根据设计图纸计算工程量,计算时的原始数据必须严格按照施工图纸表示的尺寸进行,不得随意增减项目。

d. 按一定顺序进行。

(a) 按照顺时针方向计算法,即先从平面图的左上角开始,自左至右,然后再由上而下,最后转回到左上角为止,这样按顺时针方向转圈依次进行计算。例如,计算外墙、地面、天棚等分部分项工程,都可以按照此顺序进行计算,如图 1-7 所示。

图 1-7 按顺时针方向计算工程量

(b) 按"先横后竖、先上后下、先左后右"计算法，即在平面图上从左上角开始按"先横后竖、从上而下、自左到右"的顺序计算工程量。例如，房屋的条形基础土方、砖石基础、砖墙砌筑、门窗过梁、墙面抹灰等分部分项工程，均可按这种顺序计算工程量，如图 1-8 所示。

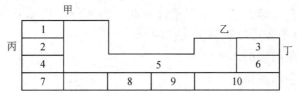

图 1-8 按先横后竖、先上后下、先左后右的顺序计算工程量

(c) 按图纸分项编号顺序计算法，即按照图纸上所标注结构构件、配件的编号顺序进行计算。例如，计算混凝土梁，按照编号 L1，L2，…，Ln 计算工程量，如图 1-9 所示。

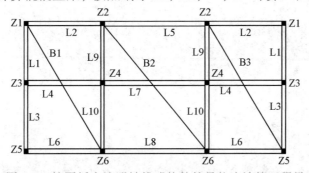

图 1-9 按图纸上注明轴线或构件编号依次计算工程量

(d) 按照图纸上定位轴线编号计算。对于造型或结构复杂的工程，为了计算和审核方便，可以根据施工图纸轴线编号来确定工程量计算顺序。例如，某房屋一层墙体、抹灰分项，可按 A 轴上，①～③轴、③～④轴这样的顺序进行工程量计算。

按一定顺序计算工程量的目的是防止漏项少算或重复多算的现象发生，只要能实现这一目的，采用哪种顺序方法计算都可以。

(3) 措施项目清单的编制。

措施项目费用的发生与使用时间、施工方法或者两个以上的工序相关，如安全文明施工，夜间施工，非夜间施工照明，二次搬运，冬雨季施工，地上、地下设施和建筑物的临时保护设施，已完工程及设备保护等。但是有些措施项目则是可以计算工程量的项目，如脚手架工程，混凝土模板及支架 (撑)，垂直运输，超高施工增加，大型机械设备进出场及装拆，施工排水、降水等，这类措施项目按照分部分项工程项目清单的方式采用综合单价计价，更有利于措施费的确定和调整。

措施项目中可以计算工程量的项目 (单价措施项目) 宜采用分部分项工程项目清单

的方式编制，列出项目编码、项目名称、项目特征、计量单位和工程量；不能计算工程量的项目(总价措施项目)，以"项"为计量单位进行编制。

(4) 其他项目清单的编制。

其他项目费包括暂列金额、暂估价、计日工、总承包服务费。其他项目清单需要按照《计价规范》格式要求编制，当出现未包含在表格中的项目内容时，可根据实际情况进行补充。

① 暂列金额。暂列金额应根据施工图纸的设计深度、合同价款约定调整因素以及工程实际情况合理确定。

② 暂估价。专业工程暂估价以"项"为计量单位，根据工程实际情况，参考工程造价信息、市场价格，不分专业，按有关计价规定进行估算，并列出明细表。

③ 总承包服务费。编制招标工程量清单时，由招标人或其委托咨询人列出需要总承包人负责协调管理的专业工程具体工作内容。

(5) 规费项目清单的编制。

(6) 税金项目清单的编制。

(三)工程量清单计价

工程量清单计价包括以下内容：

(1) 工程量清单计价步骤。

(2) 招标控制价的编制。

(3) 投标报价的编制。

一、单项选择题

1. 招标工程量清单必须作为招标文件的组成部分，其准确性和完整性应由(　　)负责。

    A. 招标人　　　　　　　　　　B. 投标人

    C. 造价咨询企业　　　　　　　D. 行业主管部门

2. (　　)是指招标人在工程量清单中提供的用于支付必然发生但暂时不能确定价格的材料、工程设备的单价及专业工程的金额。

    A. 暂列金额　　　　　　　　　B. 计日工

    C. 暂估价　　　　　　　　　　D. 价差预备费

3. 下列工程计价文件中，由施工承包单位编制的是(　　)。

    A. 工程概算文件　　　　　　　B. 工程结算文件

    C. 施工图预算文件　　　　　　D. 竣工决算文件

4. 根据现行建设项目工程造价构成的相关规定，工程造价是指(　　)。

    A. 在建设期内预计或实际支出的建设费用

B. 为完成工程项目建造，生产性设备及配合工程安装设备的费用

C. 为完成工程项目建设，在建设期内投入且形成现金流出的全部费用

D. 建设期内直接用于工程建造、设备购置及其安装的建设投资

5. 关于清单计价与定额计价的说法正确的是（　　）。

A. 清单计价适用于建设前期对建设工程的估算

B. 在清单计价下，工程量由投标人按施工图计算

C. 在定额计价下，工程量由招标人和投标人分别按施工图计算

D. 清单计价下，投标人承担计算工程量准确性的风险

6. 建设工程周期长、规模大，在建设过程中，各阶段的工程造价也在逐步深化，如招标阶段对应的是合同价，竣工验收阶段对应的是决算价，它体现了工程造价的（　　）特征。

A. 计价的单件性   B. 计价的多次性

C. 计价的组合性   D. 计价方法的多样性

7. 分部分项工程量清单的项目名称应按附录的项目名称结合（　　）工程的实际确定。

A. 在建   B. 建设   C. 拟建   D. 建筑

8. 分部分项工程量清单的项目编码第（　　）位由清单编制人确定。

A. 1～2   B. 3～4   C. 7～9   D. 10～12

9. 使用国有资金投资的建设工程发承包，（　　）采用工程量清单计价。

A. 宜   B. 必须   C. 可以   D. 不得

10. 不同的建设时期编制不同的计价文件，修正概算是在（　　）编制。

A. 可行性研究阶段   B. 初步设计阶段

C. 技术设计阶段   D. 招投标阶段

二、多选题

1. 招标工程量清单应由（　　）组成。

A. 分部分项工程项目清单   B. 措施项目清单

C. 风险项目清单   D. 其他项目清单

E. 规费和税金项目清单

2. 其他项目清单中包含以下项目中的（　　）项目。

A. 暂列金额   B. 暂估价   C. 计日工

D. 规费   E. 总承包服务费

3. 工程造价具有的特点包括（　　）。

A. 个别性、差异性   B. 动态性   C. 概括性

D. 大额性   E. 层次性

4. 材料费的内容包括（　　）。

A. 材料原价   B. 材料运杂费   C. 新材料试验费

D. 运输损耗费   E. 采购保管费

第二章

建筑面积

学习目标

(1) 了解建筑面积的概念和作用。
(2) 掌握建筑面积计算的相关概念。
(3) 能够计算房屋建筑的建筑面积。

知识结构图

本章的知识结构如图 2-1 所示。

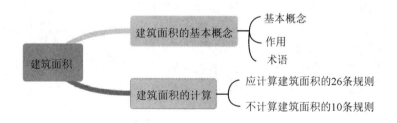

图 2-1　建筑面积知识结构图

案例导入

现实生活中，人们的生活与房子息息相关，很多人的观念都是有房子才有家。买房子首先要考虑的就是买大买小的问题，这就涉及建筑面积的问题。建筑面积的大小既关系着居住的舒适度，同时也决定了房子的总造价。

思考：建筑面积应该如何计算？

第一节 建筑面积的基本知识

一、建筑面积的概念

建筑面积是指建筑物(包括墙体)所形成的楼地面面积。面积是所占平面图形的大小,建筑面积主要是墙体围合的楼地面面积(包括墙体的面积),因此计算建筑面积时,先以外墙结构外围水平面积计算。建筑面积还包括附属于建筑物的室外阳台、雨篷、檐廊、室外走廊、室外楼梯等建筑部件的面积。

建筑面积也称建筑展开面积,是指建筑物的各层水平面积的总和,包括使用面积、辅助面积和结构面积。

(1) 使用面积。使用面积是指建筑物各层平面布置中可直接为生产或生活使用的净面积的总和,居室净面积在民用建筑中也称居住面积。

(2) 辅助面积。辅助面积是指建筑物各层平面布置中为辅助生产或生活所占净面积的总和,如住宅建筑中的楼梯、走道、卫生间、厨房等。使用面积与辅助面积之和称为有效面积。

(3) 结构面积。结构面积是指建筑各层平面布置中的墙体、柱等结构所占面积的总和。

二、建筑面积的作用

建筑面积计算是工程计量的最基础工作,在工程建设中具有重要意义。首先,工程建设的技术经济指标中,大多数以建筑面积为基数,建筑面积是核定估算、概算、预算工程造价的一个重要基础数据,是计算和确定工程造价,并分析工程造价和工程设计合理性的一个基础指标;其次,建筑面积是国家进行建设工程数据统计、固定资产宏观调控的重要指标;再次,建筑面积还是房地产交易、工程承发包交易、建筑工程有关运营费用的核定等的一个关键指标。建筑面积的作用具体有以下几个方面。

(1) 建筑面积是确定建设规模的重要指标。

建筑面积的多少可以用来控制建设规模,如根据项目立项批准文件所核准的建筑面积来控制施工图设计的规模。建设面积的多少也可以用来衡量一定时期国家或企业工程建设的发展状况和完成生产量的情况等。

(2) 建筑面积是确定各项技术经济指标的基础。

建筑面积是衡量工程造价、人工消耗量、材料消耗量和机械台班消耗量的重要经济

指标。比如,有了建筑面积才能确定每平方米建筑面积的工程造价等指标。计算如下列公式所示:

$$单位面积工程造价 = \frac{工程造价}{建筑面积}$$

$$单位建筑面积材料消耗指标 = \frac{工程材料耗用量}{建筑面积}$$

$$单位建筑面积人工用量 = \frac{工程人工工日耗用量}{建筑面积}$$

(3) 建筑面积是评价设计方案的依据。

建筑设计和建筑规划中,经常使用建筑面积控制某些指标,如容积率、建筑密度、建筑系数等。在评价设计方案时,通常采用居住面积系数、土地利用系数、有效面积系数、单方造价等指标,都与建筑面积密切相关。因此,为了评价设计方案,必须准确计算建筑面积。

(4) 建筑面积是计算有关分项工程量的依据和基础。

建筑面积是确定一些分项工程量的基本依据。应用统筹计算方法,根据底层建筑面积,就可以很方便地推算出室内回填土体积、地(楼)面面积和天棚面积等。

另外,建筑面积也是计算有关工程量的重要依据,如综合脚手架、垂直运输等项目的工程量是以建筑面积为基础计算的工程量。

三、建筑面积的相关术语

(1) 建筑面积:建筑物(包括墙体)所形成的楼地面面积。

(2) 建筑空间:以建筑界面限定的、供人们生活和活动的场所。

(3) 自然层:按楼地面结构分层的楼层。

(4) 结构层高:楼面或地面结构层上表面至上部结构层上表面之间的垂直距离。

(5) 结构净高:楼面或地面结构层上表面至上部结构层下表面之间的垂直距离。

(6) 围护结构:围合建筑空间的墙体、门、窗。

(7) 围护设施:为保障安全而设置的栏杆、栏板等围挡。

(8) 地下室:室内地平面低于室外地平面的高度超过室内净高1/2的房间。

(9) 半地下室:室内地平面低于室外地平面的高度超过室内净高的1/2,且不超过1/2的房间。

(10) 架空层:仅有结构支撑而无外围护结构的开敞空间层。

(11) 走廊:建筑物中的水平交通空间。

(12) 架空走廊:专门设置在建筑物的二层或二层以上,作为不同建筑物之间水平交通的空间。

(13) 结构层:整体结构体系中承重的楼板层。

(14) 落地橱窗:突出外墙面且根基落地的橱窗。

(15) 凸窗 (飘窗)：凸出建筑物外墙面的窗户。

(16) 檐廊：建筑物挑檐下的水平交通空间。

(17) 挑廊：挑出建筑物外墙的水平交通空间。

(18) 门斗：建筑物入口处两道门之间的空间。

(19) 雨篷：建筑出入口的上方。

(20) 门廊：建筑物入口前有顶棚的半围合空间。

(21) 楼梯：由连续行走的梯级、休息平台和维护安全的栏杆 (或栏板)、扶手以及相应的支托结构组成的作为楼层之间垂直交通使用的建筑部件。

(22) 阳台：附设于建筑物外墙，设有栏杆或栏板，可供人活动的室外空间。

(23) 主体结构：接受、承担和传递建设工程所有上部荷载，维持上部结构整体性、稳定性和安全性的有机联系的构造。

(24) 变形缝：防止建筑物在某些因素作用下引起开裂甚至破坏而预留的构造缝。

(25) 骑楼：建筑底层沿街面后退且留出公共人行空间的建筑物。

(26) 过街楼：跨越道路上空并与两边建筑相连接的建筑物。

(27) 建筑物通道：为穿过建筑物而设置的空间。

(28) 露台：设置在屋面、首层地面或雨篷上的供人室外活动的有围护设施的平台。

(29) 勒脚：在房屋外墙接近地面部位设置的饰面保护构造。

(30) 台阶：联系室内外地坪或同楼层不同标高而设置的阶梯形踏步。

第二节　建筑面积的计算

建筑面积计算的一般原则是：凡是在结构上、使用上形成具有一定使用功能的建筑物和构筑物，且能单独计算出水平面积的，应计算其建筑面积；反之，不应计算建筑面积。确定建筑面积的顺序为：有围护结构的，按围护结构计算面积；无围护结构、有底板的，按底板计算面积 (如局部楼层、室外走廊)；底板也不利于计算的，则取顶盖 (如加油站、车棚、货棚等)；主体结构外的附属设施按结构底板计算面积。即在计算建筑面积时，围护结构优于底板，底板优于顶盖。由此可知，有盖无盖不作为计算建筑面积的必备条件，如阳台、架空走廊、楼梯主要利用其底板，顶盖只是起遮风挡雨的辅助作用。

建筑面积的计算主要依据现行国家标准《建筑工程建筑面积计算规范》(GB 50353—2013)。该规范包括总则、术语、计算建筑面积的规定和条文说明四部分，规定了计算建筑全部面积、计算建筑部分面积和不计算建筑面积的情形及计算规则，适用于新建、扩建和改建的工业与民用建筑工程建设全过程的建筑面积计算，即该规范不仅仅适用于工程造价计价活动，也适用于项目规划、设计阶段，但房屋产权面积计算不适用于该规范。

一、应计算建筑面积的内容

（一）一般的建筑面积计算

建筑物的建筑面积应按自然层外墙结构外围水平面积之和计算。结构层高在 2.20 m 及以上的，应计算全面积；结构层高在 2.20 m 以下的，应计算面积的 1/2。

规则解读：

(1) 自然层按楼地面结构分层的楼层。结构层高是指楼面或地面结构层上表面至上部结构层上表面之间的垂直距离。上下均为楼面时，结构层高是相邻两层楼板结构层上表面之间的垂直距离；建筑物最底层，从"混凝土构造"的上表面算至上层楼板结构层上表面 (分两种情况：一是有混凝土底板的，从底板上表面算起，如底板上有上反梁，则应从上反梁上表面算起；二是无混凝土底板、有地面构造的，从地面构造中最上一层混凝土垫层或混凝土找平层上表面算起)；建筑物顶层，从楼板结构层上表面算至屋面板结构层上表面，如图 2-2 所示。

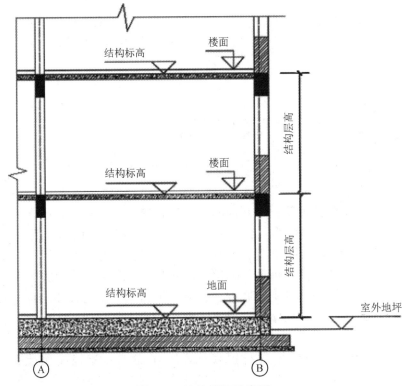

图 2-2　结构楼层示意图

(2) 建筑面积计算不再区分单层建筑和多层建筑，有围护结构的以围护结构外围计算。所谓围护结构是指围合建筑空间的墙体、门、窗。

(3) 计算建筑面积时不考虑勒脚 (如图 2-3 所示)。勒脚是建筑物外墙与室外地面或散水接触部分墙体的加厚部分，其高度一般为室内地坪与室外地面的高差，也有的将勒脚高度提高到底层窗台，勒脚是墙根很矮的一部分墙体加厚，不能代表整个外墙结构。

图 2-3 勒脚示意图

(4) 当外墙结构本身在一个层高范围内不等厚时 (不包括勒脚，外墙结构在该层高范围内材质不变)，以楼地面结构标高处的外围水平面积计算，如图 2-4 所示。

(5) 当围护结构下部为砌体，上部为彩钢板围护的建筑物时，其建筑面积的计算为：当 $h <$ 0.45 m 时，建筑面积按彩钢板外围水平面积计算；当 $h \geqslant 0.45$ m 时，建筑面积按下部砌体外围水平面积计算，如图 2-5 所示。

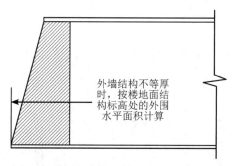

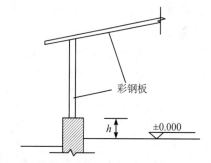

图 2-4 外墙结构不等厚示意图　　图 2-5 上部彩钢板、下部砌体围护的建筑示意图

【例 2-1】 图 2-6 所示为一般建筑物，轴线为中心线，试计算其建筑面积。

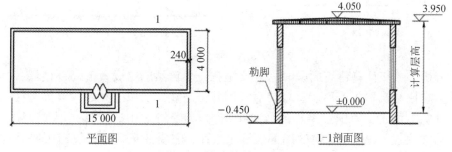

图 2-6 某建筑物示意图

【分析】 由图可知结构层高 $H = 3.95$ m，根据计算规则，结构层高在 2.20 m 及以上的，应计算全面积，且计算建筑面积时不考虑勒脚。

【解】　　　　$S = (5.0 + 0.24) \times (15.0 + 0.24)$ m^2 = 79.86 m^2

（二）建筑物内局部楼层的面积计算

建筑物内设有局部楼层时，对于局部楼层的二层及以上楼层，有围护结构的应按其围护结构外围水平面积计算，无围护结构的应按其结构底板水平面积计算，且结构层高在 2.20 m 及以上的，应计算全面积，结构层高在 2.20 m 以下的，应计算面积的 1/2，如图 2-7 所示。

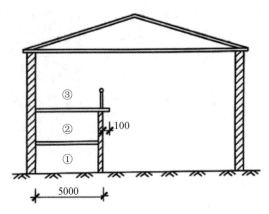

图 2-7 局部楼层示意图

规则解读:

(1) 围护结构是指围合建筑空间的墙体、门、窗。

(2) 围护设施包括栏杆、栏板。

【**例 2-2**】 如图 2-8 所示,若局部楼层结构层高均超过 2.20 m,请计算其建筑面积。

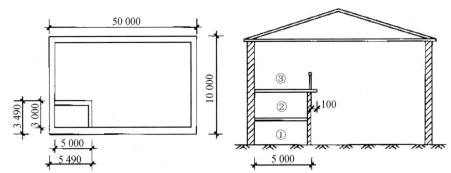

图 2-8 某建筑物局部楼层示意图

【**分析**】 在计算建筑面积时,只要是在一个自然层内设置的局部楼层,其首层面积已包括在原建筑物中,不能重复计算。因此,应从二层以上开始计算局部楼层的建筑面积。计算方法是:有围护结构的按围护结构(如图 2-8 中的局部二层)计算,没有围护结构的按底板(如图 2-8 中的局部三层)计算。需要注意的是,没有围护结构的应该有围护设施,否则不属于楼层。

【**解**】 首层建筑面积 = 50 m × 10 m = 500 m^2

局部二层建筑面积(按围护结构计算) = 5.49 m × 3.49 m = 19.16 m^2

局部三层建筑面积(按底板计算) = (5 m + 0.1 m) × (3 m + 0.1 m) = 15.81 m^2

总建筑面积 = 500 m^2 + 19.16 m^2 + 15.81 m^2 = 534.97 m^2

(三)形成建筑空间的坡屋顶的建筑面积计算

形成建筑空间的坡屋顶,结构净高在 2.10 m 及以上的部位应计算全面积;结构净高在 1.20 m 及以上至 2.10 m 以下的部位应计算面积的 1/2;结构净高在 1.20 m 以下的部位不应计算建筑面积。

规则解读：

(1) 建筑空间是指以建筑界面限定的、供人们生活和活动的场所。建筑空间是围合空间，可出入 (可出入是指人能够正常出入，即通过门或楼梯等进出；而必须通过窗、栏杆、人孔、检修孔等出入的不算可出入)、可利用。所以，这里的坡屋顶指的是与其他围护结构能形成建筑空间的坡屋顶。

(2) 结构净高是指楼面或地面结构层上表面至上部结构层下表面之间的垂直距离，如图 2-9 所示。

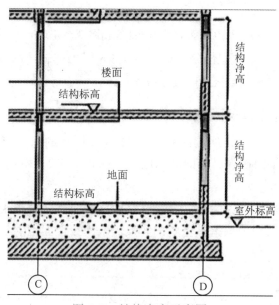

图 2-9 结构净高示意图

【例 2-3】 如图 2-10 所示，计算坡屋顶下建筑空间的建筑面积。

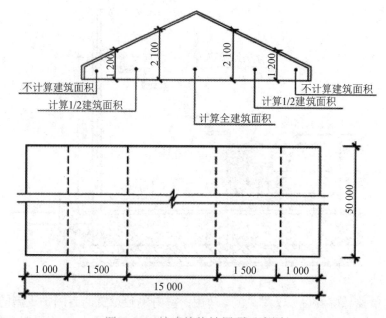

图 2-10 某建筑物坡屋顶示意图

【分析】 根据计算规则，坡屋顶下的建筑空间分为 3 个区域，即计算全建筑面积、计算 1/2 建筑面积、不计算建筑面积，如图 2-11 所示。

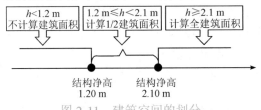

图 2-11　建筑空间的划分

【解】　　全面积部分 $= 50 \text{ m} \times (15 \text{ m} - 1.5 \text{ m} \times 2 - 1.0 \text{ m} \times 2) = 500 \text{ m}^2$

半面积部分 $= 50 \text{ m} \times 1.5 \text{ m} \times 2 \times \dfrac{1}{2} = 75 \text{ m}^2$

合计 $= 500 \text{ m}^2 + 75 \text{ m}^2 = 575 \text{ m}^2$

（四）场馆看台的建筑面积计算

场馆看台下的建筑空间，结构净高在 2.10 m 及以上的部位应计算全面积；结构净高在 1.20 m 及以上至 2.10 m 以下的部位应计算面积的 1/2；结构净高在 1.20 m 以下的部位不应计算建筑面积。

室内单独设置的有围护设施的悬挑看台，应按看台结构底板水平投影面积计算建筑面积。有顶盖无围护结构的场馆看台应按其顶盖水平投影面积的 1/2 计算面积。

规则解读：

场馆分三种不同的情况：

(1) 看台下的建筑空间，对"场"（顶盖不闭合）和"馆"（顶盖闭合）都适用；场馆看台下的建筑空间因其上部结构多为斜板，所以采用净高的尺寸划定建筑面积的计算范围，如图 2-12 所示。

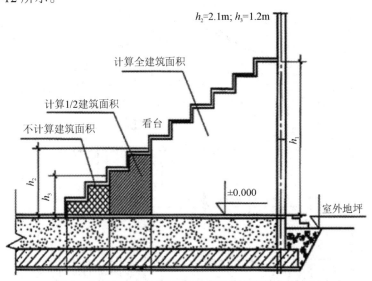

图 2-12　看台建筑面积计算示意图

(2) 室内单独悬挑看台，仅对"馆"适用；室内单独设置的有围护设施的悬挑看台，因其看台上部设有顶盖且可供人使用，所以按看台板的结构底板水平投影计算建筑面积。

(3) 有顶盖无围护结构的看台，仅对"场"适用。场馆看台上部空间的建筑面积计算，取决于看台上部有无顶盖，如图 2-13 所示。按顶盖计算建筑面积的范围应是看台与顶盖重叠部分的水平投影面积。对有双层看台的，各层应分别计算建筑面积，顶盖及上层看台均视为下层看台的盖。无顶盖的看台不计算建筑面积。

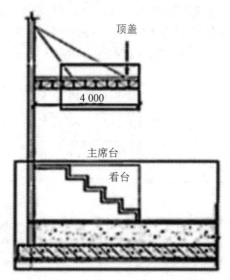

图 2-13　有顶盖无围护结构的看台示意图

（五）地下室、半地下室的建筑面积计算

地下室、半地下室应按其结构外围水平面积计算。结构层高在 2.20 m 及以上的，应计算全面积；结构层高在 2.20 m 以下的，应计算面积的 1/2，如图 2-14 所示。

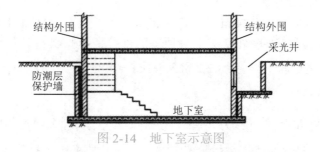

图 2-14　地下室示意图

规则解读：

(1) 室内地坪面低于室外地坪面的高度超过室内净高的 1/2 者为地下室；室内地坪面低于室外地坪面的高度超过室内净高的 1/3，且不超过 1/2 者为半地下室。

(2) 地下室、半地下室按"结构外围水平面积"计算，而不按"外墙上口"取定。当外墙为变截面时，按地下室、半地下室楼地面结构标高处的外围水平面积计算。

(3) 地下室的外墙结构不包括找平层、防水 (潮) 层、保护墙等。

(4) 地下空间未形成建筑空间的，不属于地下室或半地下室，不计算建筑面积。

（六）出入口坡道的建筑面积计算

出入口外墙外侧坡道有顶盖的部位，应按其外墙结构外围水平面积的 1/2 计算面积。

规则解读：

(1) 出入口坡道分有顶盖出入口坡道和无顶盖出入口坡道，顶盖以设计图纸为准，对后增加及建设单位自行增加的顶盖等，不计算建筑面积。

(2) 顶盖不分材料种类 (如钢筋混凝土顶盖、彩钢板顶盖、阳光板顶盖等)。坡道是从建筑物内部一直延伸到建筑物外部的，建筑物内的部分随建筑物正常计算建筑面积。

(3) 建筑物内、外的划分以建筑物外墙结构外边线为界，如图 2-15 所示。所以，出入口坡道顶盖的挑出长度为顶盖结构外边线至外墙结构外边线的长度。

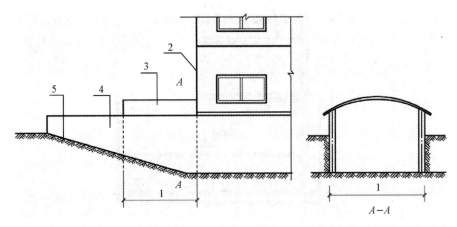

1—计算 1/2 投影面积部位；2—主体建筑；3—出入口顶盖；4—封闭出入口侧墙；5—出入口坡道。

图 2-15 地下室出入口

【例 2-4】 根据《建筑工程建筑面积计算规范》(GB 50353—2013)，建筑物出入口坡道外侧设计有外挑宽度为 2.2 m 的钢筋混凝土顶盖，坡道两侧外墙外边线间距为 4.4 m，则该部位的建筑面积为 ( )。

A. 4.84 m² B. 9.24 m² C. 9.68 m² D. 不予计算

【分析】 出入口外墙外侧坡道有顶盖的部位，应按其外墙结构外围水平面积的 1/2 计算，因此，建筑面积 $= \frac{1}{2} \times 2.2 \text{ m} \times 4.4 \text{ m} = 4.84 \text{ m}^2$。

【答案】 A

(七) 建筑物架空层及坡地建筑物吊脚架空层的建筑面积计算

建筑物架空层及坡地建筑物吊脚架空层，应按其顶板水平投影计算建筑面积。结构层高在 2.20 m 及以上的，应计算全面积；结构层高在 2.20 m 以下的，应计算面积的 1/2。

规则解读：

(1) 顶板水平投影面积是指架空层结构顶板的水平投影面积，不包括架空层主体结构外的阳台、空调板、通长水平挑板等外挑部分。

(2) 架空层指仅有结构支撑而无外围护结构的开敞空间层，即架空层是没有围护结构的。

(3) 建筑物吊脚架空层如图 2-16 所示。架空层建筑面积的计算方法适用于建筑物吊脚架空层、深基础架空层，也适用于目前部分住宅、学校教学楼等工程在底层架空或在二楼或以上某个甚至多个楼层架空，作为公共活动、停车、绿化等空间的情况。

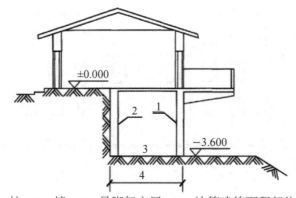

1—柱；2—墙；3—吊脚架空层；4—计算建筑面积部位。

图 2-16　建筑物吊脚架空层示意图

（八）建筑物的门厅、大厅、回廊的建筑面积计算

建筑物的门厅、大厅应按一层计算建筑面积，门厅、大厅内设置的走廊应按走廊结构底板水平投影面积计算建筑面积。结构层高在 2.20 m 及以上的，应计算全面积；结构层高在 2.20 m 以下的，应计算面积的 1/2。

规则解读：

(1) "门厅、大厅内设置的走廊"是指建筑物大厅、门厅的上部（一般该大厅、门厅占两个或两个以上建筑物层高）四周向大厅、门厅、中间挑出的走廊。

(2) 宾馆、大会堂、教学楼等大楼内的门厅或大厅，往往要占建筑物的两层或两层以上的层高，这时也只能计算一层面积。

(3) 回廊是指在建筑物门厅、大厅内设置在二层或二层以上的回形走廊。

（九）建筑物间的架空走廊的建筑面积计算

建筑物间的架空走廊，有顶盖和围护结构的，应按其围护结构外围水平面积计算全面积；无围护结构、有围护设施的，应按其结构底板水平投影面积的 1/2 计算。

规则解读：

(1) 架空走廊指专门设置在建筑物的二层或二层以上，作为不同建筑物之间水平交通的空间。

(2) 架空走廊建筑面积计算分为两种情况：一是有围护结构且有顶盖的，计算全面积，二是无围护结构、有围护设施，无论是否有顶盖，均计算面积的 1/2。

(3) 有围护结构的（见图 2-17），按围护结构计算面积；无围护结构的（见图 2-18），按底板计算面积。

（十）立体库房的建筑面积计算

立体书库、立体仓库、立体车库，有围护结构的，应按其围护结构外围水平面积计算建筑面积；无围护结构、有围护设施的，应按其结构底板水平投影面积计算建筑面积。无结构层的应按一层计算，有结构层的应按其结构层面积分别计算。结构层高在 2.20 m 及以上的，应计算全面积；结构层高在 2.20 m 以下的，应计算面积的 1/2。

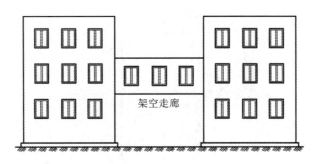

图 2-17　有围护结构的架空走廊

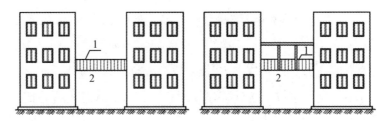

1—栏杆；2—架空走廊。

图 2-18　无围护结构的架空走廊

规则解读：

(1) 结构层是指整体结构体系中承重的楼板层，包括板、梁等构件，而非局部结构起承重作用的分隔层。

(2) 立体车库中的升降设备不属于结构层，不计算建筑面积。

(3) 仓库中的立体货架、书库中的立体书架都不算结构层，故该部分分层不计算建筑面积。

（十一）舞台灯光控制室的建筑面积计算

有围护结构的舞台灯光控制室，应按其围护结构外围水平面积计算。结构层高在 2.20 m 及以上的，应计算全面积；结构层高在 2.20 m 以下的，应计算面积的 1/2。

规则解读：

一般情况，灯光控制室处于舞台局部楼层的二层，若只有一层则不另计算建筑面积，因为整个舞台的面积计算已经包含了该灯光控制室。

（十二）落地橱窗的建筑面积计算

属在建筑物外墙的落地橱窗，应按其围护结构外围水平面积计算。结构层高在 2.20 m 及以上的，应计算全面积；结构层高在 2.20 m 以下的，应计算面积的 1/2。

规则解读：

落地橱窗 (见图 2-19) 是指突出外墙面且根基落地的橱窗，可以分为在建筑物主体结构内的和在主体结构外的，这里指的是后者。所以，理解该橱窗从两点出发：一是附属在建筑物外墙，属于建筑物的附属结构；二是落地，橱窗下设置有基础。若不落地，可按凸 (飘) 窗规定执行。

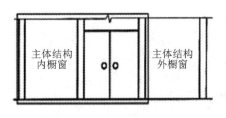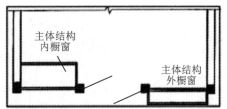

图 2-19　落地橱窗示意图

（十三）窗台的建筑面积计算

窗台与室内楼地面高差在 0.45 m 以下且结构净高在 2.10 m 及以上的凸（飘）窗，应按其围护结构外围水平面积的 1/2 计算。

规则解读：

凸（飘）窗是指凸出建筑物外墙面的窗户。

【例 2-5】　计算如图 2-20 所示飘窗的建筑面积，该飘窗窗台与室内楼地面高差为 0.3 m，结构净高 2.2 m。

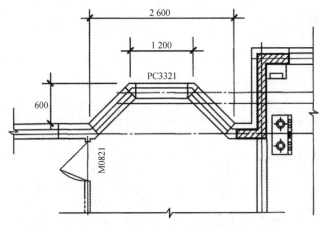

图 2-20　飘窗示意图

【分析】　凸（飘）窗须同时满足两个条件方能计算建筑面积：一是结构高差在 0.45 m 以下，二是结构净高在 2.10 m 及以上。题目中，窗台与室内楼地面高差为 0.3 m，小于 0.45 m，并且结构净高 2.2 m > 2.1 m，两个条件同时满足，故该凸（飘）窗计算建筑面积。

【解】　$S = \left[(1.2\ m + 2.6\ m) \times 0.6\ m \times \dfrac{1}{2} \times \dfrac{1}{2} \right] = 0.57\ m^2$

（十四）挑廊、檐廊的建筑面积计算

有围护设施的室外走廊（挑廊），应按其结构底板水平投影面积的 1/2 计算；有围护设施（或柱）的檐廊，应按其围护设施（或柱）外围水平面积的 1/2 计算。

规则解读：

室外走廊（包括挑廊）、檐廊，无论哪一种廊，除了必须有地面结构外，还必须有栏杆、栏板等围护设施或柱，这两个条件缺一不可，缺少任何一个条件都不计算建筑面积。檐廊见图 2-21 所示。

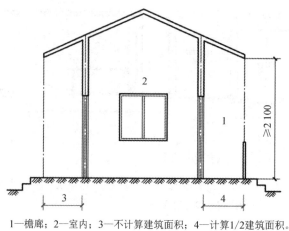

1—檐廊；2—室内；3—不计算建筑面积；4—计算1/2建筑面积。

图 2-21　檐廊

（十五）门斗的建筑面积计算

门斗应按其围护结构外围水平面积计算建筑面积。结构层高在 2.20 m 及以上的，应计算全面积；结构层高在 2.20 m 以下的，应计算面积的 1/2。

规则解读：

门斗是建筑物出入口两道门之间的空间，它是有顶盖和围护结构的全围合空间。而门廊、雨篷至少有一面不围合，与门斗不同。门斗见图 2-22 所示。

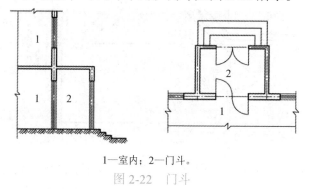

1—室内；2—门斗。

图 2-22　门斗

（十六）门廊、雨篷的建筑面积计算

门廊应按其顶板水平投影面积的 1/2 计算建筑面积；有柱雨篷应按其结构板水平投影面积的 1/2 计算建筑面积；无柱雨篷的结构外边线至外墙结构外边线的宽度在 2.10 m 及以上的，应按雨篷结构板的水平投影面积的 1/2 计算建筑面积。

规则解读：

(1) 门廊是指在建筑物出入口，无门、三面或两面有墙，上部有板 (或借用上部楼板) 围护的部位。门廊划分为全凹式、半凹半凸式、全凸式，如图 2-23 所示。

(2) 雨篷分为有柱雨篷和无柱雨篷。有柱雨篷没有出挑宽度的限制，也不受跨越层数的限制，均计算建筑面积。无柱雨篷的结构板不能跨层，并受出挑宽度的限制，设计出挑宽度大于或等于 2.10 m 时才计算建筑面积。出挑宽度系指雨篷结构外边线至外墙结构外边线的宽度，弧形或异型时，取最大宽度，如图 2-24 所示。

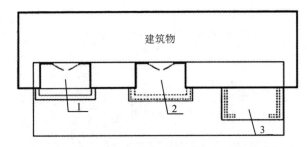

1—全凹式门廊；2—半凹半凸式门廊；3—全凸式门廊。

图 2-23　门廊

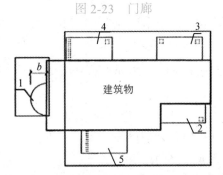

1—悬挑式；2—单立柱式；3—多柱；4—柱墙混合支撑；5—墙支撑。

图 2-24　雨篷

(3) 不单独设立顶盖,利用上层结构板(如楼板、阳台底板)进行遮挡的,不视为雨篷,不计算建筑面积。

(十七) 楼梯间、水箱间、电梯机房等的建筑面积计算

设在建筑物顶部的、有围护结构的楼梯间、水箱间、电梯机房等,结构层高在 2.20 m 及以上的应计算全面积；结构层高在 2.20 m 以下的,应计算面积的 1/2。

规则解读:

建筑物房顶上的建筑部件属于建筑空间的可以计算建筑面积,不属于建筑空间的则归为屋顶造型(装饰性结构构件),不计算建筑面积。

(十八) 斜围护结构的建筑面积计算

围护结构不垂直于水平面的楼层,应按其底板面的外墙外围水平面积计算。结构净高在 2.10 m 及以上的部位,应计算全面积；结构净高在 1.20 m 及以上至 2.10 m 以下的部位,应计算面积的 1/2；结构净高在 1.20 m 以下的部位,不应计算建筑面积。

规则解读:

围护结构不垂直既可以是向内倾斜,也可以是向外倾斜,如图 2-25 所示。在划分高度上,与斜屋面的划分原则相一致。

(十九) 建筑室内设施空间的建筑面积计算

建筑物的室内楼梯、电梯井、提物井、管道井、通风排气竖井、烟道,应并入建筑物的自然层计算建筑面积。有顶盖的采光井应按一层计算面积,结构净高在 2.10 m 及

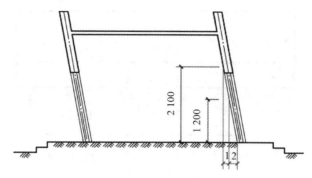

1—计算 1/2 建筑面积部位；2—不计算建筑面积部位。

图 2-25　斜围护结构

以上的，应计算全面积，结构净高在 2.10 m 以下的，应计算面积的 1/2。

　　规则解读：

　　(1) 井道 (包括室内楼梯、电梯井、提物井、管道井、通风排气竖井、烟道) 按建筑物的自然层计算建筑面积。如自然层结构层高在 2.20 m 以下，楼层本身计算面积的 1/2 时，相应的井道也应计算面积的 1/2。

　　(2) 室内楼梯包括了形成井道的楼梯 (即室内楼梯间) 和没有形成井道的楼梯 (即室内楼梯)，即没有形成井道的室内楼梯也应该计算建筑面积。未形成楼梯间的室内楼梯按楼梯水平投影面积计算建筑面积。

　　(3) 有顶盖的采光井包括建筑物中的采光井和地下室采光井，如图 2-26 所示。

　　(4) 跃层房屋按两个自然层计算，复式房屋按一个自然层计算。

　　(5) 当室内公共楼梯间两侧自然层数不同时，以楼层多的层数计算，如图 2-27 所示。

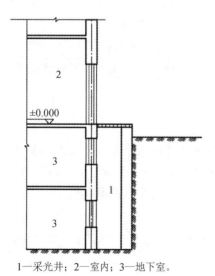

1—采光井；2—室内；3—地下室。

图 2-26　地下室采光井

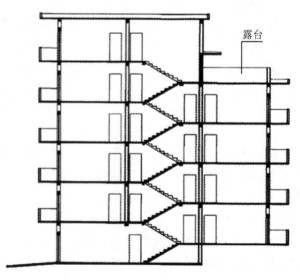

图 2-27　户室错层剖面示意图

（二十）室外楼梯的建筑面积计算

　　室外楼梯应并入所依附建筑物的自然层，并应按其水平投影面积的 1/2 计算建筑面积。

规则解读：

(1) 室外楼梯无论是否有盖均应计算建筑面积。室外楼梯作为连接该建筑物层与层之间交通不可缺少的基本部件，无论从其功能还是工程计价的要求来说，均需计算建筑面积。

(2) 层数为室外楼梯所依附的主体建筑物的楼层数，即梯段部分垂直投影到建筑物范围的层数。

(3) 利用室外楼梯下部的建筑空间不重复计算建筑面积。

(4) 利用地势砌筑的为室外踏步，不计算建筑面积。

（二十）阳台的建筑面积计算

建筑物的阳台，不论其形式如何，均以建筑物主体结构为界分别计算建筑面积。在主体结构内的阳台，应按其结构外围水平面积计算全面积；在主体结构外的阳台，应按其结构底板水平投影面积的 1/2 计算。

规则解读：

(1) 阳台是指附设于建筑物外墙，设有栏杆或栏板，可供人活动的室外空间。

(2) 主体结构是接受、承担和传递建设工程所有上部荷载，维持上部结构整体性、稳定性和安全性的有机联系的构造。

(3) 顶盖不再是判断阳台的必备条件，即无论有盖无盖，只要满足阳台的三个主要属性，都应归为阳台。

(4) 无论上下层之间是否对齐，只要满足阳台的三个主要属性，也应归为阳台。

（二十二）车棚、货棚、站台、加油站、收费站等的建筑面积计算

有顶盖无围护结构的车棚、货棚、站台、加油站、收费站等，应按其顶盖水平投影面积的 1/2 计算建筑面积。

规则解读：

(1) 不分顶盖材质，不分单、双排柱，不分矩形柱、异形柱，均按顶盖水平投影面积的 1/2 计算建筑面积。

(2) 顶盖下有其他能计算建筑面积的建筑物时，仍按顶盖水平投影面积的 1/2 计算，顶盖下的建筑物另行计算建筑面积。

（二十三）以幕墙作为围护结构的建筑物的建筑面积计算

以幕墙作为围护结构的建筑物，应按幕墙外边线计算建筑面积。

规则解读：

(1) 幕墙以其在建筑物中所起的作用和功能来区分，直接作为外墙起围护作用的幕墙，按其外边线计算建筑面积。

(2) 设置在建筑物墙体外起装饰作用的幕墙，不计算建筑面积。

（二十四）建筑物的外墙外保温层的建筑面积计算

建筑物的外墙外保温层，应按其保温材料的水平截面积计算，并计入自然层建筑面积。

规则解读：

(1) 外保温层的计算范围：建筑面积仅计算保温材料本身 (如外贴苯板时，仅苯板本身算保温材料)，抹灰层、防水 (潮) 层、黏结层 (空气层) 及保护层 (墙) 等均不计入建筑面积。

(2) 保温隔热层以保温材料的净厚度乘以外墙结构外边线长度按建筑物的自然层计算建筑面积。

其外墙外边线长度无须扣除门窗和建筑物外已计算建筑面积的构件 (如阳台、室外走廊、门斗、落地橱窗等部件) 所占的长度。

当建筑物外已计算建筑面积的构件 (如阳台、室外走廊、门斗、落地橱窗等部件) 有保温隔热层时，其保温隔热层不再另行计算建筑面积。

"保温材料的水平截面积" 是针对保温材料垂直放置的状态而言的，是按照保温材料本身厚度计算的。当围护结构不垂直于水平面时，仍应按保温材料本身厚度计算，而不是斜厚度。

(3) 外保温层计算建筑面积是以沿高度方向满铺为准。如地下室等外保温层铺设高度未达到楼层全部高度时，保温层不计算建筑面积。

(4) 复合墙体不属于外墙外保温层，整体视为外墙结构，按照一般建筑计算建筑面积。

(二十五) 变形缝的建筑面积计算

与室内相通的变形缝，应按其自然层合并在建筑物建筑面积内计算。对于高低联跨的建筑物，如图 2-28 所示，当高低跨内部连通时，其变形缝应计算在低跨面积内。

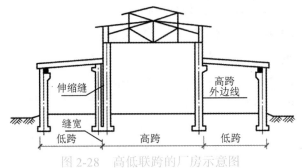

图 2-28　高低联跨的厂房示意图

规则解读：

(1) 与室内相通的变形缝，是指暴露在建筑物内，在建筑物内可以看见的变形缝，应计算建筑面积。

(2) 与室内不相通的变形缝不计算建筑面积。

(3) 高低联跨的建筑物，当高低跨内部不相连通时，其变形缝不计算建筑面积。

(二十六) 设备层、管道层、避难层等的建筑面积计算

对于建筑物内的设备层、管道层、避难层等有结构层的楼层，结构层高在 2.20 m 及以上的，应计算全面积；结构层高在 2.20 m 以下的，应计算面积的 1/2。

规则解读：

(1) 设备层、管道层虽然其具体功能与普通楼层不同，但在结构上及施工消耗上并

无本质区别，因此将设备、管道楼层归为自然层，其计算规则与普通楼层相同。

(2) 在吊顶空间内设置管道的，吊顶空间部分不能被视为设备层、管道层。

二、不计算建筑面积的内容

依照相关规定，下列项目不应计算建筑面积。

(1) 与建筑物内不相连通的建筑部件。建筑部件指的是依附于建筑物外墙外不与户室开门连通，起装饰作用的敞开式挑台 (廊)、平台，以及不与阳台相通的空调室外机搁板 (箱) 等设备平台部件。

规则解读：

"与建筑物内不相连通"是指没有正常的出入口，即通过门进出的视为"连通"，通过窗或栏杆等翻出去的视为"不连通"。

(2) 骑楼、过街楼底层的开放公共空间和建筑物通道。

规则解读：

骑楼指建筑底层沿街面后退且留出公共人行空间的建筑物。过街楼指跨越道路上空并与两边建筑相连接的建筑物。建筑物通道指为穿过建筑物而设置的空间。骑楼见图2-29，过街楼见图 2-30 所示。

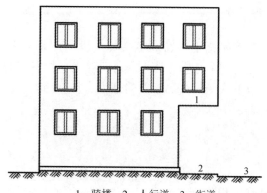

1—骑楼；2—人行道；3—街道。

图 2-29　骑楼

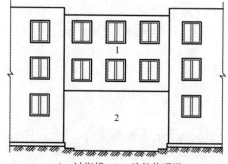

1—过街楼；2—建筑物通道。

图 2-30　过街楼

(3) 舞台及后台悬挂幕布和布景的天桥、挑台等。这里指的是影剧院的舞台及为舞台服务的可供上人维修、悬挂幕布、布置灯光及布景等搭设的天桥和挑台等构件设施。

(4) 露台、露天游泳池、花架、屋顶的水箱及装饰性结构构件。

规则解读：

露台是设置在屋面、首层地面或雨篷上的供人室外活动的有围护设施的平台。

(5) 建筑物内的操作平台、上料平台、安装箱和罐体的平台。

规则解读：

建筑物内不构成结构层的操作平台、上料平台 (包括工业厂房、搅拌站和料仓等建筑中的设备操作控制平台、上料平台等)，其主要作用为室内构筑物或设备服务的独立上人设施，因此不计算建筑面积。

(6) 勒脚、附墙柱 (附墙柱是指非结构性装饰柱)、垛、台阶、墙面抹灰、装饰面、镶贴块料面层、装饰性幕墙，主体结构外的空调室外机搁板 (箱)、构件、配件，挑出宽度在 2.10 m 以下的无柱雨篷和顶盖高度达到或超过两个楼层的无柱雨篷。

(7) 窗台与室内地面高差在 0.45 m 以下且结构净高在 2.10 m 以下的凸 (飘) 窗，窗台与室内地面高差在 0.45 m 及以上的凸 (飘) 窗。

(8) 室外爬梯、室外专用消防钢楼梯。

规则解读：

专用的消防钢楼梯是不计算建筑面积的。当钢楼梯是建筑物唯一通道并兼用消防时，则应按室外楼梯相关规定计算建筑面积。

(9) 无围护结构的观光电梯。

规则解读：

无围护结构的观光电梯是指电梯轿厢直接暴露，外侧无井壁，不计算建筑面积。如果观光电梯在电梯井内运行时 (井壁不限材料)，观光电梯井按自然层计算建筑面积。

(10) 建筑物以外的地下人防通道，独立的烟囱、烟道、地沟、油 (水) 罐、气柜、水塔、贮油 (水) 池、贮仓、栈桥等构筑物。

本章小结

本章主要介绍了建筑面积的概念、作用、清单计算规则与方法，针对所涵盖的内容、计算规则与方法给出了相应的案例加深了对知识点的理解。

思考与练习

一、单项选择题

1. 已知一幢建筑物共三层，其外墙的纵墙中心线长 27 m，其横墙中心线长 12 m，墙厚 0.24 m，各层相同，该建筑面积为 ( )。

    A. 333.42 m^2 B. 324 m^2 C. 972 m^2 D. 1000.25 m^2

2. 根据《建筑工程建筑面积计算规范》(GB 50353—2013)，建筑物室外楼梯建筑面积计算正确的为 ( )。

A. 并入建筑物自然层，按其水平投影面积计算

B. 无顶盖的不计算

C. 结构净高＜2.10 m 的不计算

D. 下部建筑空间加以利用的不重复计算

3. 根据《建筑工程建筑面积计算规范》(GB 50353—2013)，关于室外走廊建筑面积的说法，以下正确的是 ( )。

A. 无围护设施的室外走廊，按其结构底板水平投影面积的 1/2 计算

B. 有围护设施的室外走廊，按其维护设施外围水平面积计算全面积

C. 有围护设施的室外走廊，按其维护设施外围水平面积的 1/2 计算

D. 无围护设施的室外走廊，不计算建筑面积

4. 建筑物外有围护结构层高 2.2 m 的挑廊、檐廊按 ( ) 计算建筑面积。

A. 不计算建筑面积   B. 维护结构外围水平面积的 1/2

C. 维护结构外围水平面积   D. 底板水平投影面积

5. 按照《建筑工程建筑面积计算规范》的规定，以下关于建筑面积计算说法正确的是 ( )。

A. 建筑物间有围护结构的架空走廊按其围护结构外围水平投影面积的一半计算

B. 有永久性顶盖的室外楼梯按建筑物自然层的水平投影面积之和计算

C. 建筑物前的混凝土台阶按其水平投影面积的一半计算建筑面积

D. 有永久性顶盖无围护结构的车棚等按其顶盖水平投影面积的 1/2 计算

6. 下列关于建筑面积说法正确的是 ( )。

A. 建筑物内设备管道夹层层高等于 2.20 m 即可计算建筑面积

B. 建筑面积包括有效面积与结构面积

C. 地下人防通道应计算建筑面积

D. 宽度等于 2.10 m 的无柱雨篷按雨篷结构板的水平投影面积的一半计算建筑面积

7. 没有围护结构的直径 2.2 m、高 2.4 m 的屋顶圆形水箱，其建筑面积为 ( )。

A. 不计算建筑面积   B. 2.28 m²   C. 4.56 m²   D. 9.12 m²

8. 以下不应该按 1/2 计算建筑面积的是 ( )。

A. 有围护结构的挑阳台

B. 层高为 1.8 m 的设备管道层

C. 坡屋顶内净高在 1.2 ~ 2.1 m 的部分

D. 建筑内高为 2.1 m 的大厅回廊层

9. 一栋四层坡屋顶住宅楼，勒脚以上结构外围水平面积每层为 930 m²，建筑物顶层全部加以利用，净高超过 2.1 m 的面积为 410 m²，净高在 1.2 ~ 2.1 m 的部位面积为 200 m²，其余部位净高小于 1.2 m，该住宅楼的建筑面积为 ( )。

A. 3100 m²   B. 3300 m²   C. 3400 m²   D. 720 m²

10. 按照《建筑工程建筑面积计算规范》的规定，以下应计算全面积的是 ( )。

A. 层高为 2.3 m 的地下商店

B. 层高为 2.1 m 的半地下储藏室

C. 层面上有顶盖和 1.4 m 高钢管围栏的凉棚

D. 外挑宽度 1.6 m 的悬挑雨篷

二、计算题

某住宅楼的平面示意图如图 2-31 所示。已知内外墙厚均为 240 mm，层高 2.4 m，设有悬挑雨篷及非封闭阳台，试计算其建筑面积。

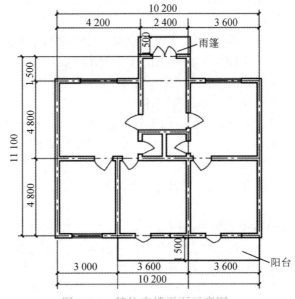

图 2-31　某住宅楼平面示意图

第三章

土石方工程

学习目标

(1) 了解土石方工程的主要内容和相关概念。
(2) 掌握土石方工程的清单计算规则。
(3) 能够运用计算规则完成实际工程项目计量计价。

知识结构图

本章的知识结构图如图 3-1 所示。

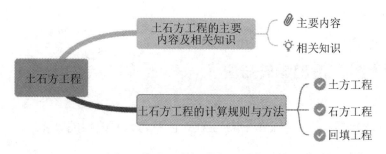

图 3-1　土石方工程知识结构图

案例导入

建筑房屋，需要挖土机和车辆，挖土、填土和运土；修建道路、桥梁、隧道往往需要挖山、填湖；这些工作可以统称为土石方工程。土石方工程涉及面广，工程量大，劳动繁重，并且施工条件复杂。

思考：土石方工程包括哪些内容？具体怎么计算？

第一节 土石方工程的主要内容及相关知识

一、土石方工程的主要内容

根据《房屋建筑与装饰工程工程量计算规范》，土石方工程包括 A.1 土方工程、A.2 石方工程和 A.3 回填工程。

（一）土方工程

土方工程工程量清单根据"13 规范"的附录 A.1 编制，包括平整场地、挖一般土方、挖沟槽土方、挖基坑土方、冻土开挖、挖淤泥（流沙）、管沟土方等项目，挖土方如需截桩头时，应按桩基工程相关项目列项。

（二）石方工程

石方工程工程量清单根据"13 规范"的附录 A.2 编制，包括挖一般石方、挖沟槽石方、挖基坑石方、挖管沟石方。

（三）回填土方

石方工程工程量清单根据"13 规范"的附录 A.3 编制，包括挖一般石方、挖沟槽石方、挖基坑石方、挖管沟石方。

二、土石方工程的相关知识

土石方工程包括土方、石方、回填工程，涉及各方面的相关概念。

（一）土壤和岩石类别

土壤的不同类型决定了土方工程施工的难易程度、施工方法、功效及工程成本，所以应掌握土壤类别的确定。根据相关标准，土壤可分为一、二类土，三类土，四类土，如表 3-1 所示。

表 3-1 土壤分类表

土壤分类	土壤名称	开挖方法
一、二类土	粉土、沙土(粉沙、细沙、中沙、粗沙、砾沙)、粉质黏土、弱中盐渍土、软土（淤泥质土、泥炭、泥炭质土）、软塑红黏土、冲填土	用锹，少许用镐、条锄开挖。机械能全部直接铲挖满载者

土壤分类	土壤名称	开挖方法
三类土	黏土、碎石土(圆砾、角砾)混合土、可塑红黏土、硬塑红黏土、强盐渍土、素填土、压实填土	主要用镐、条锄,少许用锹开挖。机械需部分刨松方能铲挖满载者或可直接铲挖但不能满载者
四类土	碎石土(卵石、碎石、漂石、块石)、坚硬红黏土、超盐渍土、杂填土	全部用镐、条锄挖掘,少许用撬棍挖掘。机械必须普遍刨松方能铲挖满载者

石方工程中项目特征应描述岩石的类别,岩石可分为极软岩、软质岩和硬质岩,如表 3-2 所示。

表 3-2　岩石分类表

岩石分类		代表性岩石	开挖方法
极软岩		(1) 全风化的各种岩石; (2) 各种半成岩	部分用手凿工具、部分用爆破法开挖
软质岩	软岩	(1) 强风化的坚硬岩或较硬岩; (2) 中等风化—强风化的较软岩; (3) 未风化—微风化的页岩、泥岩、泥质沙岩等	用风镐和爆破法开挖
	较软岩	(1) 中等风化—强风化的坚硬岩或较硬岩; (2) 未风化—微风化的凝灰岩、千枚岩、泥灰岩、沙质泥岩等	用爆破法开挖
硬质岩	较硬岩	(1) 风化的坚硬岩; (2) 未风化—微风化的大理岩、板岩、石灰岩、白云岩、钙质沙岩等	用爆破法开挖
	坚硬岩	未风化—微风化的花岗岩、闪长岩、辉绿岩、玄武岩、安山岩、片麻岩、石英岩、石英沙岩、硅质砾岩、硅质石灰岩等	用爆破法开挖

(二)标高

(1) 自然地坪标高:是指在自然状态下,没有经过施工处理的原土地面标高。

(2) 交付施工场地标高:是指经过人工场地平整后得到的地面标高。

(3) 室外地面标高:是指房屋建成以后,室外地面相对于室内首层地面的高度差。

(4) 地下水位标高:是指地质资料提供的地下常水位的标高。地下常水位以下为湿土,以上为干土。

(三)沟槽和基坑

沟槽:是指底宽小于等于 7 m 且底长大于 3 倍底宽的槽,用于带形基础,如图 3-2 所示。

基坑：是指底长小于等于 3 倍底宽且底面积小于等于 150 m² 的坑，用于独立基础，如图 3-3 所示。

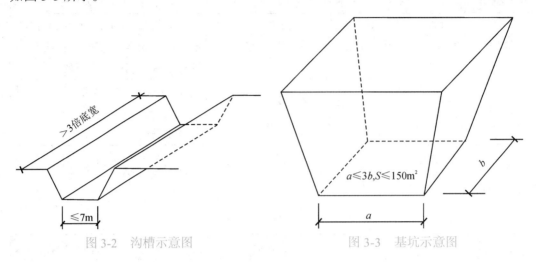

图 3-2　沟槽示意图　　　　　　　图 3-3　基坑示意图

（四）放坡和放坡系数

放坡：是指当土层深度较深、土质较差时，为了防止坍塌和保证安全，将沟槽或基坑边壁修成的一定倾斜坡度。

放坡坡度：是指沟槽及基坑的深度 H 与边坡底宽 B 的比值，用 $1:K$ 表示，即 $\frac{1}{K} = \frac{H}{B}$。其中，$K$ 为放坡系数，它是边坡底宽 B 与沟槽及基坑的深度 H 的比值，即 $K = \frac{H}{B}$。

（五）工作面

工作面：是表明施工对象上可能安置一定工人操作或布置施工机械的空间大小，所以工作面是用来反映施工过程（工人操作、机械布置）在空间上布置的可能性。

（六）实方和虚方

实方：是指自然状态下的土壤体积，即挖掘前的天然密实体积。

虚方：是指未经碾压、堆积时间 ≤ 1 年的土方。

土石方体积应按挖掘前的天然密实体积计算，如需按天然密实体积折算按表 3-3 和 3-4 计算。

表 3-3　土方体积折算系数表　　　　　　　　　　单位：m³

天然密实体积	虚方体积	夯实后体积	松填体积
0.77	1.00	0.67	0.83
1.00	1.30	0.87	1.08
1.15	1.50	1.00	1.25
0.92	1.20	0.80	1.00

表 3-4　石方体积折算系数表　　　　　　　　　　　单位：m³

石方类别	天然密实体积	虚方体积	松填体积	码方
石方	1.00	1.54	1.31	
块石	1.00	1.75	1.43	1.67
沙夹石	1.00	1.07	0.94	

第二节　土石方工程的计算规则与方法

一、土方工程的计算规则与方法

（一）工程量计算规则

土方工程工程量清单项目设置、项目特征描述的内容、计量单位及工程量计算规则按表 3-5 的规定执行。

表 3-5　A.1 土方工程（编码：010101）

项目编码	项目名称	项目特征	计量单位	工程量计算规则
010101001	平整场地	(1) 土壤类别； (2) 弃土运距； (3) 取土运距	m²	按设计图示尺寸以建筑物首层建筑面积计算
010101002	挖一般土方	(1) 土壤类别； (2) 挖土深度	m³	按设计图示尺寸以体积计算
010101003	挖沟槽土方			(1) 房屋建筑按设计图示尺寸以基础垫层底面积乘以挖土深度计算。 (2) 构筑物按最大水平投影面积乘以挖土深度（原地面平均标高至坑底高度）以体积计算
010101004	挖基坑土方			
010101005	冻土开挖	(1) 冻土厚度； (2) 取土运距		按设计图示尺寸开挖面积乘厚度以体积计算
010101006	挖淤泥、流沙	(1) 挖掘深度； (2) 弃淤泥、流沙距离		按设计图示位置、界限以体积计算

项目编码	项目名称	项目特征	计量单位	工程量计算规则
010101007	管沟土方	(1) 土壤类别； (2) 管外径； (3) 挖沟深度； (4) 回填要求	(1) m； (2) m³	(1) 以米计量，按设计图示以管道中心线长度计算。 (2) 以立方米计量，按设计图示管底垫层面积乘以挖土深度计算；无管底垫层按管外径的水平投影面积乘以挖土深度计算。不扣除各类井的长度，井的土方并入

（二）相关说明

1. 平整场地

平整场地是指建筑物场地厚度小于等于 ±300 mm 的就地挖、填及找平。厚度超过 ±300 mm 的竖向布置挖土或山坡切土应按一般土方项目编码列项。

平整场地工程量按设计图示尺寸以建筑物底面积计算，单位为 m²，围墙按中心线每边各加 1 m 计算。平整场地如图 3-4 所示。

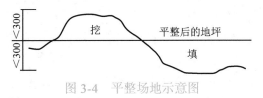

图 3-4　平整场地示意图

【例 3-1】　图 3-5 所示为某建筑物底层平面图，轴线为中心线，墙厚为 240 mm，试计算该建筑平整场地工程量。

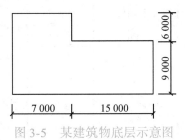

图 3-5　某建筑物底层示意图

【分析】　平整场地工程量为首层建筑面积。

【解】　S = (7 m + 15 m + 0.24 m) × (9 m + 0.24 m) + (7 m + 0.24 m) × (6 m + 0.12 m − 0.12 m)

　　　　= 79.86 m²

2. 挖土方

土方开挖分为基础土方开挖和一般土方开挖。工程量按设计图示尺寸以基础垫层底面积 × 挖土深度按体积计算。基础土方开挖深度应按基础垫层底表面标高至交付施工场地标高确定，无交付施工场地标高时，应按自然地面标高确定。

根据 GB 50854—2013 计算规则，工作面和放坡增加的工程量是否并入各土方工程量中，应按各省、自治区、直辖市或行业建设主管部门的规定实施。

根据 2013 年 7 月，四川省住房和城乡建设厅发布的川建造价发〔2013〕370 号文，挖一般土方、沟槽、基坑、管沟土方中因工作面和放坡增加的工程量应并入相应土方工程量内。

1) 基础土方开挖

基础土方开挖包括沟槽开挖和基坑开挖。

(1) 沟槽开挖。

图 3-6 所示为不放坡的沟槽，其挖土工程量为

$$V = (a + 2c)HL \tag{3-1}$$

式中：a 为基础垫层宽度 (m)；c 为工作面宽度 (m)；H 为沟槽深度 (m)；L 为沟槽长度 (m)。

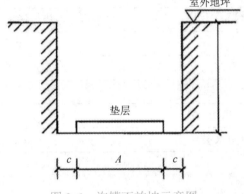

图 3-6　沟槽不放坡示意图

外墙下沟槽长度按照外墙中心线计取，内墙下沟槽长度按照内墙垫层之间的净长线计取。

图 3-7 所示为有放坡的沟槽，放坡系数为 K，则其挖土工程量为

$$V = (a + 2c + KH)HL \tag{3-2}$$

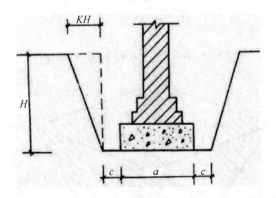

图 3-7　沟槽有放坡示意图

对于基础施工所需的工作面宽度和放坡系数，在办理工程结算时，按经发包人认可的施工组织设计规定计算；在编制工程量清单时，可按表 3-6、表 3-7 的规定计算。

表 3-6 放坡系数表

土类别	放坡起点 /m	人工挖土	机械挖土		
			在坑内作业	在坑上作业	顺沟槽在坑上作业
一、二类土	1.20	1:0.5	1:0.33	1:0.75	1:0.5
三类土	1.50	1:0.33	1:0.25	1:0.67	1:0.33
四类土	2.00	1:0.25	1:0.10	1:0.33	1:0.25

注：① 沟槽、基坑中土类别不同时，分别按其放坡起点、放坡系数并依不同土类别厚度加权平均计算。

② 计算放坡时，在交接处的重复工程量不予扣除，原槽、坑作基础垫层时，放坡自垫层上表面开始计算。

表 3-7 基础施工所需工作面宽度计算表

基础材料	每边各增加工作面宽度 /mm
砖基础	200
浆砌毛石、条石基础	150
混凝土基础垫层支模板	300
混凝土基础支模板	300
基础垂直面做防水层	1000(自防水层面)

(2) 基坑开挖。

基坑开挖主要有以下几种形式：

① 不放坡开挖。

当所挖基坑为长方体时，基坑开挖工程量为

$$V = (a + 2c)(b + 2c)H \tag{3-3}$$

式中，a 为垫层长度 (m)；b 为垫层宽度 (m)；c 为工作面宽度 (m)；H 为挖土深度 (m)。

当所挖基坑为圆柱体时，基坑开挖工程量为

$$V = \pi r^2 H \tag{3-4}$$

② 放坡开挖。

如图 3-8 所示，当所挖基坑为棱台时，基坑开挖工程量为

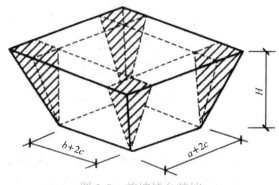

图 3-8 放坡棱台基坑

$$V = (a + 2c + KH)(b + 2c + KH)H + \frac{1}{3}K^2H^3 \quad (3\text{-}5)$$

式中，a 为垫层长度 (m)；b 为垫层宽度 (m)；c 为工作面宽度 (m)；H 为挖土深度 (m)；K 为放坡系数。

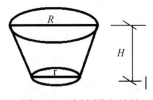

如图 3-9 所示，当所挖基坑为圆台时，基坑开挖工程量为

$$V = \frac{1}{3}\pi H(r^2 + rR + R^2) \quad (3\text{-}6)$$

图 3-9 放坡圆台基坑

式中，r 为基坑底半径 (m)；R 为基坑口半径 (m)。

【例 3-2】 已知某混凝土独立基础的垫层长度为 2 400 mm，宽度为 1 400 mm，设计室外地坪标高为 -0.4 m，垫层底部标高为 -1.6 m，两边需留工作面，坑内土质为三类土，如图 3-10 所示。计算人工挖土方的工程量。

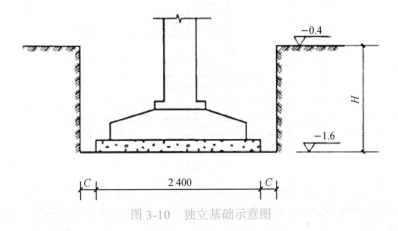

图 3-10 独立基础示意图

【分析】 根据表 3-6 中三类土放坡起点为 1.5 m，题目中人工挖土深度 $H = 1.6-0.4 = 1.2$ m < 1.5 m，所以垂直开挖，不放坡。

该工程基础类别为混凝土独立基础，根据表 3-7，工作面为 300 mm，所以两边各增加的工作面宽度 c 为 0.3 m。

【解】 基坑底面积为

$$S = (a + 2c)(b + 2c) = (2.4 \text{ m} + 0.6 \text{ m})(1.4 \text{ m} + 0.6 \text{ m}) = 6 \text{ m}^2$$

因此，人工挖土方工程量为 $V = 6 \text{ m}^2 \times 1.2 \text{ m} = 7.2 \text{ m}^3$。

【例 3-3】 某建筑物砖基础平面图及详图如图 3-11 所示，土壤类别为二类土，弃土运距 5 km，混凝土基础垫层，非原槽浇筑，试计算人工挖沟槽土方清单工程量并编制分部分项工程量清单。

【分析】 根据表 3-6，二类土放坡起点为 1.2 m，根据图 3-11 可知，本工程挖土深度 $H = 0.8 \text{ m} + 0.35 \text{ m} \times 2 + 0.2 \text{ m} = 1.7 \text{ m} > 1.2$ m，人工挖土放坡系数取 $K = 0.5$；该工程为非原槽浇筑混凝土垫层，根据表 3-8 知，工作面为 300 mm，所以两边各增加的工作面宽度 c 为 0.3 m。

【解】 垫层长度 $L = (3.3 \text{ m} \times 3 + 5.4 \text{ m}) \times 2 + (5.4 \text{ m} - 1.24 \text{ m}) \times 2 = 38.92 \text{ m}$

挖沟槽土方体积 $= (a + 2c + KH)HL$

$$= (1.24 \text{ m} + 0.3 \text{ m} \times 2 + 0.5 \times 1.7 \text{ m}) \times 38.92 \text{ m} \times 1.7 \text{ m}$$

$$= 177.98 \text{ m}^3$$

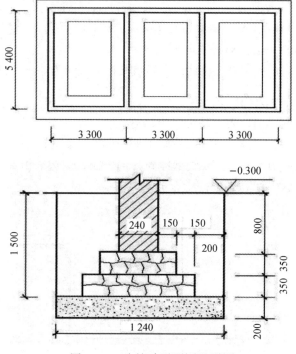

图 3-11　砖基础平面图及详图

表 3-8　挖沟槽土方分部分项工程量清单

序号	项目编码	项目名称	项目特征	计量单位	工程量	金额 / 元	
						综合单价	合价
1	010101003001	挖沟槽土方	土壤类别：二类土 挖土深度：1.7 m 弃土运距：5 km	m³	177.98		

2) 一般土方开挖

挖一般土方按设计图示尺寸以体积计算，凡是不满足前述沟槽、基坑的条件，且厚度超过 300 mm 的竖向布置挖土或山坡切土都按照一般挖土方列项。挖土方平均厚度应按自然地面测量标高至设计地坪标高间的平均厚度确定。

3. 冻土开挖

冻土开挖按设计图示尺寸开挖面积乘以厚度以体积计算。

4. 挖淤泥、流沙

挖淤泥、流沙按设计图示位置、界限以体积计算。

5. 管沟土方

1) 长度

按设计图示以管道中心线长度计算，适用于除天、檐沟外的所有管沟。

2) 体积

(1) 有垫层：垫层面积×挖土深度。

(2) 无垫层：管外径的水平投影面积×挖土深度。

注：挖土深度为有管沟设计时，平均深度以沟垫垫层底面标高至交付施工场地标高计算；无管沟设计时，直埋管深度应按管底外表面标高至交付施工场地标高的平均高度计算。

图 3-12 所示为管沟基础断面图，管沟施工时需要增加工作面，有施工组织设计时，按照经发包人认可的施工组织设计规定计算，如编制工程量清单及招标控制价或施工组织设计无规定时，可按照表 3-9 计算。管道结构宽，有管座的按基础外边缘，无管座的按管道外径。

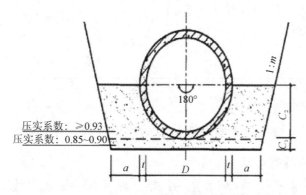

图 3-12　管沟基础断面图

表 3-9　管沟施工每侧所需工作面宽度计算表

管沟材料	管道结构宽 /mm			
	≤ 500	≤ 1 000	≤ 2 500	> 500
混凝土及钢筋混凝土管道 /mm	400	500	600	700
其他材质管道 /mm	300	400	500	600

二、石方工程的计算规则与方法

（一）工程量计算规则

石方工程工程量清单项目设置、项目特征描述的内容、计量单位及工程量计算规则按表 3-10 的规定执行。

表 3-10 A.2 石方工程 (编码：010102)

项目编码	项目名称	项目特征	计量单位	工程量计算规则
010102001	挖一般石方			按设计图示尺寸以体积计算
010102002	挖沟槽石方	(1) 岩石类别； (2) 开凿深度； (3) 弃砟运距	m²	按设计图示尺寸沟槽底面积乘以挖石深度以体积计算
010102003	挖基坑石方			设计图示尺寸以基坑底面积乘以挖石深度以体积计算
010101004	管沟石方	(1) 岩石类别； (2) 管外径； (3) 挖沟深度	(1) m； (2) m³	(1) 以米计量，按设计图示以管道中心线长度计算。 (2) 以立方米计量，按设计图示截面积乘以长度计算

(二)相关说明

石方工程包括挖一般石方、挖沟槽石方、挖基坑石方、挖管沟石方等项目。

1. 挖沟槽石方和基坑石方

(1) 底宽≤7 m 且底长>3 倍底宽为沟槽，底长≤3 倍底宽且底面积≤150 m² 为基坑，超出上述范围则为一般石方。

(2) 按设计图示尺寸以沟槽 (基坑) 底面积×挖石深度按体积计算。(未提垫层)

(3) 基础石方开挖深度应按基础垫层底表面标高至交付施工场地标高确定，无交付施工场地标高时，应按自然地面标高确定。

2. 管沟石方

(1) 按设计图示以管道中心线长度计算。

(2) 按设计图示截面积×长度以体积计算。(平均深度同土方，考虑垫层)

① 有管沟设计时，平均深度以沟垫垫层底面标高至交付施工场地标高计算；

② 无管沟设计时，直埋管深度应按管底外表面标高至交付施工场地标高的平均高度计算。

【例 3-4】 某较为平整的软岩施工场地，其设计长度为 35 m，宽为 10 m，开挖深度为 1 m。根据《房屋建筑与装饰工程工程量计算规范》(GB 50854—2013)，试计算开挖石方清单工程量。

【分析】 沟槽、基坑、一般土石方的划分为：底宽小于或等于 7 m，底长大于 3 倍底宽为沟槽；底长小于或等于 3 倍底宽、底面积小于或等于 150 m² 为基坑；超出上述范围则为一般土石方。故本题应为挖一般石方。

【解】 一般石方工程量：35 m × 10 m × 1 m = 350 m³。

三、回填工程的计算规则与方法

（一）工程量的计算规则

回填工程工程量清单项目设置、项目特征描述的内容、计量单位及工程量计算规则按表 3-11 的规定执行。

表 3-11　A.3 回填工程（编码：010103)

项目编码	项目名称	项目特征	计量单位	工程量计算规则
010103001	回填方	(1) 密实度要求； (2) 填方材料品种； (3) 填方粒径要求 填方来源、运距	m²	按设计图示尺寸以体积计算。 (1) 场地回填：回填面积乘平均回填厚度； (2) 室内回填：主墙间面积乘回填厚度，不扣除间隔墙； (3) 基础回填：挖方体积减去自然地坪以下埋设的基础体积（包括基础垫层及其他构筑物）
010103002	余方弃置	(1) 废弃料品种； (2) 运距	m³	按挖方清单项目工程量减利用回填方体积（正数）计算

（二）相关说明

回填工程分为回填方和余方弃置两个项目。

1. 回填方

回填方即回填土方，回填土分为基础回填土、室内回填土和场地回填土，计量单位为 m³，如图 3-13 所示。

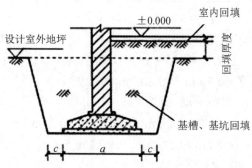

图 3-13　沟槽及室内回填示意图

1) 基础回填土

基础回填是指基础工程完成后，将基槽、基坑四周未作基础部分进行回填至设计地坪标高。

基础回填土必须夯填密实，其工程量计算公式为

$$基础回填土工程量 = 挖方体积 - 自然地坪以下埋设的基础体积 \tag{3-7}$$

注：(1) 基础回填计算的是自然地坪以下的回填。

(2) 挖方体积指挖土方清单工程量。

(3) 自然地坪下埋设的基础体积为基础、垫层及其他构筑。

2) 室内回填土

室内回填，又称房心回填，是指室外地坪和室内地坪垫层之间的土方回填。室内回填土工程量计算公式为

$$室内回填土工程量 = 室内净面积 × 回填土厚度 \tag{3-8}$$

注：(1) 回填土厚度 = 设计室内外地坪高差 - 地面面层、垫层的厚度。

(2) 室内净面积指主墙间净面积，不扣除间隔墙。

(3) 主墙一般是指结构厚度在 120 mm 以上 (不含) 的砌块墙或超过 100 mm 以上 (含) 的钢筋混凝土剪力墙。

3) 场地回填土

场地回填土又称为室外回填土，其工程量计算公式为

$$场地回填土工程量 = 回填面积 × 平均回填厚度 \tag{3-9}$$

【例 3-5】 图 3-14 所示为某建筑的首层平面图，其室内外地坪高差为 0.30 m，C15 混凝土地面垫层 80 mm 厚，1:2 水泥砂浆面层 25 mm 厚。试计算室内回填土工程量。

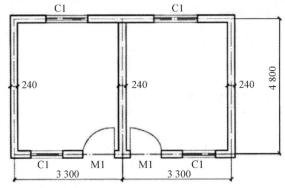

图 3-14　某建筑首层平面图

【分析】 室内回填土工程量 = 室内净面积 × 回填土厚度。图中墙厚为 240，均为主墙；地面做法厚度为 80 mm + 25 mm = 105 mm，回填土厚度 = 室内外地坪高差 - 室内地面做法。

【解】 回填土厚度 = 0.30 m - 0.105 m = 0.195 m

主墙间净面积 = 建筑面积 - 墙结构面积

$$= (3.30 \text{ m} × 2 + 0.24 \text{ m}) × (4.80 \text{ m} + 0.24 \text{ m}) - [(3.30 \text{ m} × 2 + 4.80 \text{ m}) ×$$
$$2 + (4.80 \text{ m} - 0.24 \text{ m})] × 0.24 \text{ m}$$
$$= 27.90 \text{ m}^2$$

室内回填土工程量 = 27.90 m² × 0.195 m = 5.44 m³。

2. 余方弃置

余方弃置是指土方的运输。土方的运输是指土方开挖后，把不能用于回填或回填后

剩余的土运至指定地点，或是所挖土方量不能满足回填的用量，需从购土地点将外购土运至现场。余方弃置按挖方清单项目工程量减利用回填方体积（正数）计算，即

$$余土（或取土）外运体积 = 挖土总体积 - 回填方体积 \qquad (3\text{-}10)$$

式中的计算结果为正值时为余土外运体积，结果为负值时为取土体积。

 **本章小结**

本章主要介绍了土石方工程的概念、清单计算规则与方法，针对所涵盖的内容、计算规则与方法给出了相应的案例，加深了对知识点的理解。

思考与练习

一、单项选择题

1. 根据《房屋建筑与装饰工程工程量计算规范》(GB 50854—2013)，石方工程量计算正确的是（ ）。

　A. 挖基坑石方按设计图示尺寸基础底面面积乘以埋置深度以体积计算

　B. 挖沟槽石方按设计图示以沟槽中心线长度计算

　C. 挖一般石方按设计图示开挖范围的水平投影面积计算

　D. 挖管沟石方按设计图示以管道中心线长度计算

2. 根据《房屋建筑与装饰工程工程量计算规范》(GB 50854—2013)，关于土石方回填工程量的计算，说法正确的是（ ）。

　A. 回填土方项目特征应包括填方来源及运距

　B. 室内回填应扣除间隔墙所占体积

　C. 场地回填按设计回填尺寸以面积计算

　D. 基础回填不扣除基础垫层所占面积

3. 根据《房屋建筑与装饰工程工程量计算规范》(GB 50854—2013)，关于土方工程量计算与项目列项说法正确的有（ ）。

　A. 建筑物场地挖、填厚度≤±300 mm 的挖土应按一般土方项目编码列项计算

　B. 平整场地工程量按设计图示尺寸以建筑物首层建筑面积计算

　C. 挖一般土方应按设计图示尺寸以挖掘面积计算

　D. 挖沟槽土方工程量按沟槽设计图示中心线长度计算

4. 关于挖土深度计算正确的说法是（ ）。

　A. 一般取室外地坪至基础垫层底面之间的距离

　B. 外部基础与内部基础的挖土深度不同，外部基础深度取室外地坪至基础垫层底面之间的距离

　C. 取天然地面至基础垫层底面之间的距离

　D. 内部基础挖土深度取室内地坪至基础垫层底面之间的距离

5. 一建筑物采用条形基础，基础宽度为 2.5 m，挖深为 1.9 m，长度为 9 m，该土方的开挖属于 (   )。

    A. 平整场地   B. 挖一般土方   C. 挖基坑土方   D. 挖沟槽土方

6. 某工程室外设计地坪标高为 -0.3 m，基础底标高为 -1.5 m，基础垫层厚为 100 mm，那么该工程的挖深为 (   )。

    A. 1.2 m   B. 1.3 m   C. 1.1 m   D. 1.8 m

7. 已知某基础工程挖土体积为 1 000 m³，室外地坪标高以下埋设物体积为 450 m³，底层建筑面积为 700 m²，$L_{中}$=90 m，$L_{净}$=45 m，室内外高差为 0.6 m。地坪厚为 100 mm，外墙厚为 365 mm，内墙厚为 240 mm，其室内回填工程量为 (   ) m³。

    A. 550   B. 393.84   C. 400   D. 328.2

8. 以下对平整场地工程量计算描述错误的是 (   )。

    A. 厚度在 ±30 cm 以内的就地挖填找平

    B. 若外墙有保温板，则计算平整场地工程量时要一并计算

    C. 平整场地工程量按建筑物底面积计算

    D. 平整场地工程量按建筑物底面积加台阶面积计算

二、计算题

某建筑物基础平面图及详图如图 3-15 所示，室内外标高差为 450 mm，基础垫层为非原槽浇筑，垫层支模。土壤类别为二类土，弃土运距 10 km，轴线标注为中心线，请根据工程量计算规范确定相关清单项目的工程量。

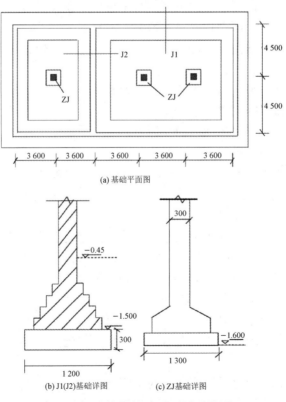

图 3-15   建筑物基础平面图及详图

第四章

地基处理与桩基工程

 学习目标

(1) 了解地基处理、边坡支护及桩基工程的主要内容和相关概念。
(2) 掌握地基处理、边坡支护及桩基工程的清单计算规则。
(3) 能够运用计算规则完成实际工程项目的计量计价。

 知识结构图

本章的知识结构图如图 4-1 所示。

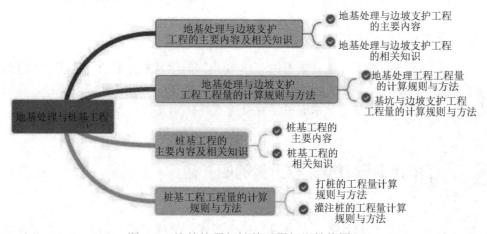

图 4-1 地基处理与桩基工程知识结构图

案例导入

在建设项目前期基础施工过程中，我们经常会看到工人在做地基处理，桩基础的工程还会涉及打桩。那么，地基处理与桩基工程包括哪些工作量，相应的费用怎么计算？

本章将在这些问题的基础上介绍桩基与地基基础工程的计量与计价。

思考：地基处理与桩基工程包括哪些内容，具体怎么计算？

第一节　地基处理与边坡支护工程的主要内容及相关知识

一、地基处理与边坡支护工程的主要内容

根据《房屋建筑与装饰工程工程量计算规范》，地基处理与边坡支护工程包括 B.1 地基处理和 B.2 基坑与边坡支护。

（一）地基处理

地基处理工程的工程量清单根据"13 规范"的附录 B.1 编制，包括换填垫层、铺设土工合成材料、预压地基、强夯地基、振冲密实（不填料）、振冲桩（填料）、砂石桩、水泥粉煤灰碎石桩、深层搅拌桩、粉喷桩、夯实水泥土桩、高压喷射注浆桩、石灰桩、灰土（土）挤密桩、柱锤冲扩桩、注浆地基、褥垫层，弃土（不含泥浆）清理、运输按附录 A 中的相关项目编码列项。

（二）基坑与边坡支护

基坑与边坡支护的工程量清单根据"13 规范"的附录 B.2 编制，包括地下连续墙、咬合灌注桩、圆木桩、预制钢筋混凝土板桩、型钢桩、钢板桩、预应力锚杆、锚索、其他锚杆、土钉、喷射混凝土、水泥砂浆混凝土支撑、钢支撑。

二、地基处理与边坡支护工程的相关知识

地基处理一般指用来改善支承建筑物的土或岩石的承载能力，以及改善其抗渗能力或变形能力所采取的工程技术措施。土木工程的地基问题概括地说可包括以下四个方面：

(1) 强度和稳定性问题。当地基的承载能力不足以支承上部结构的自重及外荷载时，地基就会产生局部或整体剪切破坏。

(2) 压缩及不均匀沉降问题。当地基在上部结构的自重及外荷载作用下产生过大的变形时，会影响结构物的正常使用，特别是超过结构物所能容许的不均匀沉降时，结构可能开裂破坏。沉降量较大时，不均匀沉降往往也较大。

(3) 地基的渗漏量超过容许值时，会发生水量损失，导致事故发生。

(4) 地震、机器以及车辆的振动、波浪作用和爆破等动力荷载可能引起地基土，特别是饱和无黏性土的液化、失稳和震陷等危害。

当构筑物的天然地基存在以上问题时，必须采取相应的地基处理措施以保证构筑物的安全与正常使用。地基处理的方法有很多，工程中人们常常采用的一类方法是采取措施使土中的孔隙减少，土颗粒之间靠近，加大密度，从而提高土的承载力；另一类方法是在地基中掺加各种物料，通过物理和化学作用把土颗粒胶结在一起，使地基承载力提高，刚度加大，变形减小。常用的地基处理方法有换填地基法、铺设土工合成材料法、夯实地基法、预压地基法、振冲地基法以及桩处理地基法（如碎石桩、砂桩和水泥粉煤灰碎石桩等）。

（一）换填地基法

如图 4-2 所示，当建筑物基础下的持力层比较软弱，不能满足上部荷载对地基的要求时，常采用换填地基法来处理。换填地基法是先挖去基础底面以下一定范围内的软弱土层，然后回填强度较高、压缩性较低并且没有侵蚀性的材料，如中粗砂、碎石或卵石、灰土、素土、石屑、矿渣等，在分层夯实后作为地基的持力层。换填地基按其回填的材料可分为灰土地基、砂和砂石地基、粉煤灰地基等。

图 4-2　地基换填

（二）铺设土工合成材料法

土工合成材料地基可以分为土工织物地基和加筋土地基。

土工织物地基又称土工聚合物地基，是在软弱地基中或边坡上埋设土工织物作为加筋，使其共同作用形成弹性复合土体，达到排水、反滤、隔离、加固和补强等方面的目的，以提高土体承载力，减少沉降和增加地基的稳定。

加筋土地基是由填土、填土中布置的一定量带状筋体（或称拉筋）以及直立的墙面板三部分组成一个整体的复合结构。

（三）夯实地基法

夯实地基法主要有重锤夯实法和强夯法两种。

1. 重锤夯实法

重锤夯实法是利用起重机械将 2～3 t 的夯锤提升到一定的高度，然后通过夯锤自由下落时产生的较大冲击能来挤密地基、减少孔隙、提高强度，经不断重复夯击，使地基得以加固，达到满足建筑物对地基承载力和变形的要求。

2. 强夯法

强夯法是用起重机械将大吨位 (一般为 8 ~ 30 t) 夯锤起吊到 6 ~ 30 m 的高度后让其自由落下，给地基土以强大的冲击能量的夯击，使土中出现冲击波和很大的冲击应力，迫使土层孔隙压缩，土体局部液化，在夯击点周围产生裂隙，形成良好的排水通道，孔隙水和气体逸出，使土料重新排列，经时效压密达到固结，从而提高地基承载力，降低其压缩性的一种有效的地基加固方法，也是我国目前最为常用和最经济的深层地基处理方法之一。

（四）预压地基法

预压地基又称为排水固结地基，是在建筑物建造前，直接在天然地基或设置有袋状砂井、塑料排水带等竖向排水体的地基上先行加载预压，使土体中的孔隙水排出，提前完成土体固结沉降，逐步增加地基强度的一种软土地基加固方法。该方法适用于处理道路、仓库、罐体、飞机跑道、港口等各类大面积淤泥质土、淤泥及冲填土等饱和黏性土地基。预压荷载是其中的关键问题，因为施加预压荷载后才能引起地基土的排水固结。

（五）振冲地基法

振冲地基法又称为振动水冲法，它以起重机吊起振冲器，启动潜水电机带动偏心块使振动器产生高频振动；同时启动水泵通过喷嘴喷射高压水流，在边振边冲的共同作用下，将振动器沉到土中的预定深度，经清孔后，从地面向孔内逐段填入碎石，或不加填料，使地基在振动作用下被挤密实，达到要求的密实度后即可提升振动器，如此重复填料和振密直至地面，在地基中形成一个大直径的密实桩体与原地基构成复合地基，从而提高地基的承载力，减少沉降和不均匀沉降。振冲地基法是一种快速、经济、有效的加固方法。

（六）桩处理地基法

1. 碎石桩、砂桩和水泥粉煤灰碎石桩

碎石桩和砂桩合称为粗颗粒土桩，是指用振动、冲击或振动水冲等方式在软弱地基中成孔，再将碎石或砂挤压入孔，形成大直径的由碎石或砂所构成的密实桩体，具有挤密、置换、排水、垫层和加筋等加固作用。

水泥粉煤灰碎石桩 (CFG 桩) 是在碎石桩基础上加进一些石屑、粉煤灰和少量水泥，加水拌和制成的具有一定黏结强度的桩。桩的承载能力来自桩全长产生的摩擦阻力及桩端承载力。桩越长承载力越高，桩土形成的复合地基承载力提高幅度可达 4 倍以上且变形量小，适用于多层和高层建筑地基处理，是近年来新开发的一种地基处理技术。

2. 土桩和灰土桩

如图 4-3 所示，土桩和灰土桩挤密地基是由桩间挤密土和填夯的桩体组成的人工"复

合地基"，适用于处理地下水位以上，深度 5 ～ 15 m 的湿陷性黄土或人工填土地基。土桩主要适用于消除湿陷性黄土地基的湿陷性，灰土桩主要适用于提高人工填土地基的承载力。地下水位以下或含水量超过 25% 的土不宜采用此方法。

3. 深层搅拌桩

如图 4-4 所示，深层搅拌法是利用水泥、石灰等材料作为固化剂的主剂，通过特制的深层搅拌机械，在地基深处就地将软土和固化剂（浆、液或粉体）强制搅拌，利用固化剂和软土之间产生的一系列物理、化学反应，使软土硬结成具有整体性的并具有一定承载力的复合地基。深层搅拌法适用于加固各种成因的淤泥质土、黏土和粉质黏土等，用于增加软土地基的承载能力，减少沉降量，提高边坡的稳定性和各种坑槽工程施工时的挡水帷幕。

图 4-3　灰土挤密桩

图 4-4　深层搅拌桩

4. 柱锤冲扩桩

柱锤冲扩桩法是指反复将柱状重锤提到高处使其自由下落冲击地基形成冲孔，然后分层填料夯实形成扩大桩体，与桩间土组成复合地基的处理方法。该方法施工简便，振动及噪声小。

该方法适用于处理杂填土、粉土、黏性土、素填土、黄土等地基，对于地下水位以下饱和松软土层，应通过现场试验确定其适用性。地基处理深度不宜超过 6 m，复合地基承载力特征值不宜超过 160 kPa。

5. 高压喷射注浆桩

如图 4-5 所示，高压喷射注浆桩是以高压旋转的喷嘴将水泥浆喷入土层与土体混合，形成连续搭接的水泥加固体。高压喷射注浆法适用于处理淤泥、淤泥质土、流塑、软塑或可塑黏性土、粉土、沙土、黄土、素填土和碎石土等地基。高压喷射注浆法分旋喷、定喷和摆喷三种类别。根据工程需要和土质要求，施工时可分别采用单管法、二重管法、三重管法和多重管法。高压喷射注浆法固结体形状可分为垂直墙状、水平板状、柱列状和群状。

图 4-5　高压旋喷桩

第二节　地基处理与边坡支护工程工程量的计算规则与方法

一、地基处理工程工程量的计算规则与方法

（一）工程量计算规则

地基处理的工程量清单项目设置（编码、名称）、项目特征描述、计量单位及工程量计算规则按表4-1的规定执行。

表4-1　B.1 地基处理（编码：010201）

项目编码	项目名称	项目特征	计量单位	工程量计算规则
010201001	换填垫层	(1) 材料种类及配比； (2) 压实系数； (3) 掺加剂品种	m³	按设计图示尺寸以体积计算
010201002	铺设土工合成材料	(1) 部位； (2) 品种； (3) 规格	m²	按设计图示尺寸以面积计算
010201003	预压地基	(1) 排水竖井种类、断面尺寸、排列方式、间距、深度； (2) 预压方法； (3) 预压荷载、时间； (4) 砂垫层厚度		按设计图示尺寸以加固面积计算
010201004	强夯地基	(1) 夯击能量； (2) 夯击遍数； (3) 地耐力要求； (4) 夯填材料种类		
010201005	振冲密实（不填料）	(1) 地层情况； (2) 振密深度； (3) 孔距		

项目编码	项目名称	项目特征	计量单位	工程量计算规则
10201006	振冲桩（填料）	(1) 地层情况； (2) 空桩长度、桩长； (3) 桩径； (4) 填充材料种类	(1) m； (2) m³	(1) 以 m 计量，按设计图示尺寸以桩长计算。 (2) 以 m³ 计量，按设计桩截面乘以桩长的体积计算
010201007	砂石桩	(1) 地层情况； (2) 空桩长度、桩长； (3) 桩径 (4) 成孔方法； (5) 材料种类、级配		(1) 以 m 计量，按设计图示尺寸以桩长（包括桩尖）计算。 (2) 以 m³ 计量，按设计桩截面乘以桩长（包括桩尖）的体积计算
010201008	水泥粉煤灰碎石桩	(1) 地层情况； (2) 空桩长度、桩长； (3) 桩径； (4) 成孔方法； (5) 混合料强度等级	m	按设计图示尺寸以桩长（包括桩尖）计算
010201009	深层搅拌桩	(1) 地层情况； (2) 空桩长度、桩长； (3) 桩截面尺寸； (4) 水泥强度等级、掺量		按设计图示尺寸以桩长计算
010201010	粉喷桩	(1) 地层情况； (2) 空桩长度、桩长； (3) 桩径； (4) 粉体种类、掺量； (5) 水泥强度等级、石灰粉要求		按设计图示尺寸以桩长计算
010201011	夯实水泥土桩	(1) 地层情况； (2) 空桩长度、桩长； (3) 桩径； (4) 成孔方法； (5) 水泥强度等级； (6) 混合料配比	m	按设计图示尺寸以桩长（包括桩尖）计算
010201012	高压喷射注浆桩	(1) 地层情况； (2) 空桩长度、桩长； (3) 桩截面； (4) 注浆类型、方法； (5) 水泥强度等级		按设计图示尺寸以桩长计算

续表

项目编码	项目名称	项目特征	计量单位	工程量计算规则
010201013	石灰桩	(1) 地层情况; (2) 空桩长度、桩长; (3) 桩径; (4) 成孔方法; (5) 掺和料种类、配合比	m	按设计图示尺寸以桩长(包括桩尖)计算
010201014	灰土(土)挤密桩	(1) 地层情况; (2) 空桩长度、桩长; (3) 桩径; (4) 成孔方法; (5) 灰土级配		
010201015	柱锤冲扩桩	(1) 地层情况; (2) 空桩长度、桩长; (3) 桩径; (4) 成孔方法; (5) 桩体材料种类、配合比		按设计图示尺寸以桩长计算
010201016	注浆地基	(1) 地层情况; (2) 空钻深度、注浆深度; (3) 注浆间距; (4) 浆液种类及配比; (5) 注浆方法; (6) 水泥强度等级	(1) m; (2) m^3	(1) 以 m 计量,按设计图示尺寸以钻孔深度计算。 (2) 以 m^3 计量,按设计图示尺寸以加固体积计算
010201017	褥垫层	(1) 厚度; (2) 材料品种及比例	(1) m^2; (2) m^3	(1) 以 m^2 计量,按设计图示尺寸以铺设面积计算。 (2) 以 m^3 计量,按设计图示尺寸以体积计算

(二)相关说明

(1) 换填垫层,按设计图示尺寸以体积"m^3"计算。换填垫层是指挖去浅层软弱土层和不均匀土层,回填坚硬、较粗粒径的材料,并夯压密实形成的垫层。根据换填材料不同可分为土、石垫层和土工合成材料加筋垫层,可根据换填材料不同,区分土(灰土)垫层、石(砂石)垫层等分别编码列项。

(2) 铺设土工合成材料,按设计图示尺寸以面积"m^2"计算。土工合成材料是以聚合物为原料的材料名词的总称,主要起反滤、排水、加筋、隔离等作用,可分为土工织物、土工膜、特种土工合成材料和复合型土工合成材料。

(3) 预压地基、强夯地基、振冲密实 (不填料)，按设计图示处理范围以面积 "m²" 计算。预压地基是指采取堆载预压、真空预压、堆载与真空联合预压方式对淤泥质土、淤泥、冲击填土等地基土固结压密处理后而形成的饱和黏性土地基。强夯地基属于夯实地基，即反复将夯锤提到高处使其自由落下，给地基以冲击和振动能量，将地基土进行密实处理或置换形成密实墩体的地基。振冲密实处理是利用振动和压力水使砂层液化，砂颗粒相互挤密，重新排列，空隙减少，从而提高砂层的承载能力和抗液化能力的地基处理过程，这种方式处理后形成的桩体又称振冲挤密砂石桩，可分为不加填料和加填料两种。

(4) 振冲桩 (填料) 以 "m" 计量时，按设计图示尺寸以桩长计算；以 "m³" 计量时，按设计桩截面乘以桩长以体积计算。

(5) 砂石桩以 "m" 计量时，按设计图示尺寸以桩长 (包括桩尖) 计算时；以 "m³" 计量时，按设计桩截面乘以桩长 (包括桩尖) 以体积计算。砂石桩是将碎石、砂或砂石混合料挤压入已成的孔中，形成密实砂石竖向增强桩体，与桩间土形成复合地基。

(6) 水泥粉煤灰碎石桩、夯实水泥土桩、石灰桩、灰土 (土) 挤密桩，按设计图示尺寸以桩长 (包括桩尖) "m" 计算。

(7) 深层搅拌桩、粉喷桩、柱锤冲扩桩、高压喷射注浆桩，按设计图示尺寸以桩长 "m" 计算。

(8) 注浆地基以 "m" 计量时，按设计图示尺寸以钻孔深度计算；以 "m³" 计量时，按设计图示尺寸以加固体积计算。

(9) 褥垫层以 "m²" 计量时，按设计图示尺寸以铺设面积计算；以 "m³" 计量时，按设计图示尺寸以体积计算。

【例 4-1 】　某幢工程基底为可塑黏土，不能满足设计承载力要求，现采用水泥粉煤灰碎石桩进行地基处理，桩径为 400 mm，桩体强度等级为 C20；桩有 50 根，设计桩长为 10 m，桩端进入硬塑黏土层不少于 1.5 m，桩顶在地面以下 1.5～2 m 处，水泥粉煤灰碎石桩采用振动沉管灌注桩，施工采用 200 mm 厚人工级配砂石 (砂∶碎石 = 3∶7，最大粒径 30 mm) 作为褥垫层，如图 4-6、图 4-7 所示。根据以上背景资料及现行国家标准《建设工程工程量清单计价规范》(GB 50500—2013)、《房屋建筑与装饰工程计量规范》(GB 50854—2013)，试列出该工程地基处理的分部分项工程量清单。

【分析 】　本题涉及三个清单，分别为水泥粉煤灰碎石桩、褥垫层、截 (凿) 桩头。

(1) 水泥粉煤灰碎石桩：计算规则只有一种，即按设计图示尺寸以桩长 (包括桩尖) 计算，计量单位为 m，本题中给了桩数为 50 根，设计桩长为 10 m，所以可以直接算出桩的总长。

(2) 褥垫层：计算规则有两种，本题选择第一种以 m² 计量，按设计图示尺寸以铺设面积计算。也可以选择第二种计算规则。本题中的规格分别为：J-1 和 J-6(数量为 1 个)，J-2 和 J-4(数量为 2 个)，J-3(数量为 3 个)，J-5(数量为 4 个)。根据平面图的尺寸可以算出面积，然后再分别乘以数量即可得出褥垫层的铺设面积。

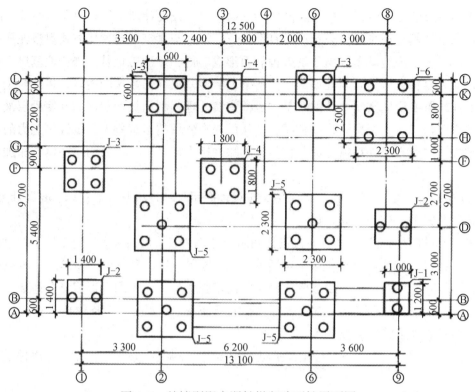

图 4-6 某幢别墅水泥粉煤灰碎石桩平面图

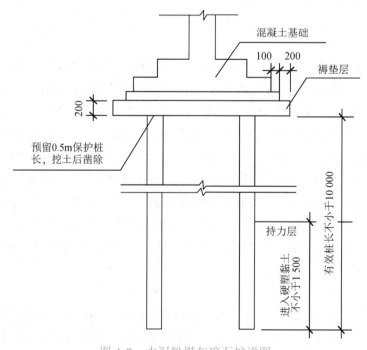

图 4-7 水泥粉煤灰碎石桩详图

（3）截（凿）桩头：计算规则有两种，本题选择第二种即以根计量，按设计图示数量计算。

【解】 水泥粉煤灰碎石桩：$L=50\times10$ m$=500$ m。

褥垫层：

J-1：1.8 m $\times 1.6$ m $\times 1 = 2.88$ m^2 J-2：2.0 m $\times 2.0$ m $\times 2 = 8.00$ m^2

J-3：2.2 m $\times 2.2$ m $\times 3 = 14.52$ m^2 J-4：2.4 m $\times 2.4$ m $\times 2 = 11.52$ m^2

J-5：2.9 m $\times 2.9$ m $\times 4 = 33.64$ m^2 J-6：2.9 m $\times 3.1$ m $\times 1 = 8.99$ m^2

合计：$S = 2.88$ m^2 $+ 8.00$ m^2 $+ 14.52$ m^2 $+ 11.52$ m^2 $+ 33.64$ m^2 $+ 8.99^2$ m $= 79.55$ m^2。

截（凿）桩头：$n=50$ 根。

根据以上分析及计算可得出该工程地基处理的分部分项工程量清单，如表4-2所示。

表 4-2 地基处理的分部分项工程量清单与计价表

序号	项目编码	项目名称	项目特征	计量单位	工程量	金额 / 元 综合单价	合价
1	010201008001	水泥粉煤灰碎石桩	(1) 地层情况：三类土； (2) 空桩长度、桩长：1.5～2 m、10m； (3) 桩径：400 mm； (4) 成孔方法：振动沉管； (5) 混合料强度等级：C20	m	500		
2	010201017001	褥垫层	(1) 厚度：200 mm； (2) 材料品种及比例：人工级配砂石 (最大粒径30 mm)，砂：碎石 =3：7	m^2	79.55		
3	010301004001	截（凿）桩头	(1) 桩类型：水泥粉煤灰碎石桩； (2) 桩头截面、高度：400 mm、0.5 m； (3) 混凝土强度等级：C20； (4) 有无钢筋：无	根	50		

二、基坑与边坡支护工程工程量的计算规则与方法

（一）工程量计算规则

基坑与边坡支护工程量清单项目设置 (编码、名称)、项目特征描述、计量单位及工程量计算规则按表4-3的规定执行。

表 4-3　基坑与边坡支护（编码：010202）

项目编码	项目名称	项目特征	计量单位	工程量计算规则
010202001	地下连续墙	(1) 地层情况； (2) 导墙类型、截面； (3) 墙体厚度； (4) 成槽深度； (5) 混凝土类别、强度等级； (6) 接头形式	m³	按设计图示墙中心线长×厚度×槽深以体积计算
010202002	咬合灌注桩	(1) 地层情况； (2) 桩长； (3) 桩径； (4) 混凝土类别、强度等级； (5) 部位	(1) m； (2) 根	(1) 以 m 计量，按设计图示尺寸以桩长计算。 (2) 以根计量，按设计图示数量计算
010202003	圆木桩	(1) 地层情况； (2) 桩长； (3) 材质； (4) 尾径； (5) 桩倾斜度	(1) m； (2) 根	(1) 以 m 计量，按设计图示尺寸以桩长（包括桩尖）计算。 (2) 以根计量，按设计图示数量计算
010202004	预制钢筋混凝土板桩	(1) 地层情况； (2) 送桩深度、桩长； (3) 桩截面； (4) 混凝土强度等级		
010202005	型钢桩	(1) 地层情况或部位； (2) 送桩深度、桩长； (3) 规格型号； (4) 桩倾斜度； (5) 防护材料种类； (6) 是否拔出	(1) t； (2) 根	(1) 以 t 计量，按设计图示尺寸以质量计算。 (2) 以根计量，按设计图示数量计算
010202006	钢板桩	(1) 地层情况； (2) 桩长； (3) 板桩厚度	(1) t； (2) m²	(1) 以 t 计量，按设计图示尺寸以质量计算。 (2) 以 m² 计量，按设计图示墙中心线长×桩长，以面积计算

续表

项目编码	项目名称	项目特征	计量单位	工程量计算规则
010202007	预应力锚杆、锚索	(1) 地层情况； (2) 锚杆（索）类型、部位； (3) 钻孔深度； (4) 钻孔直径； (5) 杆体材料品种、规格、数量； (6) 浆液种类、强度等级	(1) m； (2) 根	(1) 以 m 计量，按设计图示尺寸以钻孔深度计算 (2) 以根计量，按设计图示数量计算
010202008	其他锚杆、土钉	(1) 地层情况； (2) 钻孔深度； (3) 钻孔直径； (4) 置入方法； (5) 杆体材料品种、规格、数量； (6) 浆液种类、强度等级		
010202009	喷射混凝土、水泥砂浆	(1) 部位； (2) 厚度； (3) 材料种类； (4) 混凝土（砂浆）类别、强度等级	m²	按设计图示尺寸以面积计算
010202010	混凝土支撑	(1) 部位； (2) 混凝土强度等级	m³	按设计图示尺寸以体积计算
010202011	钢支撑	(1) 部位； (2) 钢材品种、规格； (3) 探伤要求	t	按设计图示尺寸以质量计算。不扣除孔眼质量，焊条、铆钉、螺栓等不另增加质量

（二）相关说明

(1) 地下连续墙，按设计图示墙中心线长×厚度×槽深，以体积"m³"计算。

(2) 咬合灌注桩以"m"计量时，按设计图示尺寸以桩长计算；以"根"计量时，按设计图示数量计算。

所谓咬合桩，是指在桩与桩之间形成相互咬合排列的一种基坑围护结构。桩的排列方式为一条不配筋并采用超缓凝素混凝土桩 (A 桩) 和一条钢筋混凝土桩 (B 桩) 间隔布置。施工时，先施工 A 桩，后施工 B 桩，在 A 桩混凝土初凝之前完成 B 桩的施工。A 桩、B 桩均采用全套管钻机施工，切割掉相邻 A 桩相交部分的混凝土，从而实现咬合。

(3) 圆木桩、预制钢筋混凝土板桩以"m"计量时，按设计图示尺寸以桩长(包括桩尖)计算；以"根"计量时，按设计图示数量计算。

(4) 型钢桩以"t"计量时，按设计图示尺寸以质量计算，以"根"计量时，按设计图示数量计算。

(5) 钢板桩以"t"计量时，按设计图示尺寸以质量计算；以"m²"计量时，按设计图示墙中心线长×桩长以面积计算。

(6) 锚杆(锚索)、土钉以"m"计量时，按设计图示尺寸以钻孔深度计算；以"根"计量时，按设计图示数量计算。土钉置入方法包括钻孔置入、打入或射入等。在清单列项时要正确区分锚杆项目和土钉项目。锚杆是指由杆体(钢绞线、普通钢筋、热处理钢筋或钢管)、注浆形成的固结体、锚具、套管、连接器等组成的一端与支护结构构件连接，另一端锚固在稳定岩土体内的受拉杆件。杆体采用钢绞线时，也可称为锚索。土钉是设置在基坑侧壁土体内的承受拉力与剪力的杆件，如成孔后植入钢筋杆体并通过孔内注浆在杆体周围形成固结体的钢筋土钉，以及将设有出浆孔的钢管直接击入基坑侧壁土中并在钢管内注浆的钢管土钉。

(7) 喷射混凝土(水泥砂浆)，按设计图示尺寸以面积"m²"计算。

(8) 钢筋混凝土支撑，按设计图示尺寸以体积"m³"计算。

(9) 钢支撑，按设计图示尺寸以质量"t"计算，不扣除孔眼质量，焊条、铆钉、螺栓等不另增加质量。

第三节　桩基工程的主要内容及相关知识

一、桩基工程的主要内容

根据《房屋建筑与装饰工程工程量计算规范》，桩基工程包括 C.1 打桩和 C.2 灌注桩。

(一)打桩

打桩的工程量清单根据"13 规范"附录 C.1 编制，包括预制钢筋混凝土方桩、预制钢筋混凝土管桩、钢管桩和截(凿)桩头。

(二)灌注桩

灌注桩的工程量清单根据"13 规范"附录 C.2 编制，包括泥浆护壁成孔灌注桩、沉管灌注桩、干作业成孔灌注桩、挖孔桩、土(石)方人工挖孔灌注桩、钻孔压浆桩、灌注桩后压浆。

二、桩基工程的相关知识

如图 4-8 所示，桩基础是由若干根桩和桩顶的承台组成的一种常用的深基础，桩基的主要作用是将上部荷载穿过较弱地层传至压缩性小的、较为坚硬的土层或岩层。它具有承载能力大、抗震性能好、沉降量小等特点。采用桩基施工可省去大量土方、排水、支撑、降水设施，而且施工简便，可以节约劳动力和压缩工期。

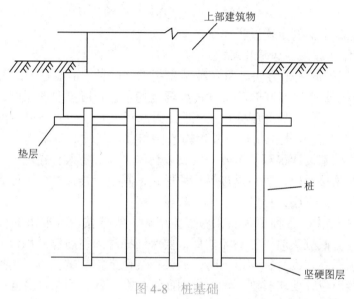

图 4-8　桩基础

根据桩在土中受力情况的不同，可以将其分为端承桩和摩擦桩。端承桩是穿过软弱土层而达到硬土层或岩层的一种桩，上部结构荷载主要依靠桩端反力支撑；摩擦桩是完全设置在软弱土层一定深度的一种桩，上部结构荷载主要由桩侧的摩阻力承担，而桩端反力承担的荷载只占很小的部分。

按施工工艺的不同，桩身可以分为预制桩和灌注桩两大类。预制桩是在工厂或施工现场制成各种材料和形式的桩（如钢筋混凝土桩、钢桩、木桩等），然后用沉桩设备将桩打入、压入、旋入或振入土中。灌注桩是在施工现场的桩位上先成孔，然后在孔内灌注混凝土，也可加入钢筋后灌注混凝土。根据成孔方法的不同分为钻孔灌注桩、挖孔灌注桩、冲孔灌注桩、沉管灌注桩和爆扩桩等。

（一）钢筋混凝土预制桩

钢筋混凝土桩坚固耐久，不受地下水和潮湿变化的影响，可做成各种需要的断面和长度，而且能承受较大的荷载，在建筑工程中广泛应用。

常用的钢筋混凝土预制桩按照断面形式分为实心方桩与预应力混凝土空心管桩两种，如图 4-9 所示。方形桩边长通常为 200 ～ 550 mm，桩内设纵向钢筋或预应力钢筋和横向钢筋，在尖端设置桩靴。预应力混凝土管桩直径为 400 ～ 600 mm，在工厂内用离心法制成。

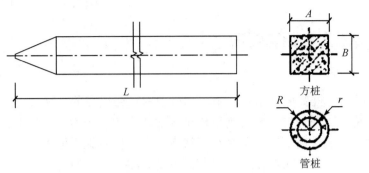

图 4-9 预制钢筋混凝土桩

采用预制混凝土桩的工作过程如下：

(1) 桩的制作、起吊、运输和堆放。

(2) 沉桩。沉桩的施工方法为将各种预先制作好的桩 (主要是钢筋混凝土或预应力混凝土实心桩或管桩) 以不同的沉入方式沉至地基内达到所需要的深度。沉桩的方式主要有锤击沉桩 (打入桩)、静力压桩 (压入桩)、射水沉桩 (旋入桩) 和振动沉桩 (振入桩)。

(3) 接桩。钢筋混凝土预制长桩受运输条件和打桩架的高度限制，一般不能将桩预制得很长，有些桩基设计很深，需要分成数节制作，分节打入，在现场接桩。常用接桩方式有焊接、法兰接及硫黄胶泥锚接等几种形式，其中焊接接桩应用最多。前两种接桩方法适用于各种形式土层，后者只适用于软弱土层。

(4) 截 (凿) 桩头。各种预制桩在施工完毕后，需要按设计要求的桩顶标高将桩头多余的部分截去。截桩头时不能破坏桩身，要保证桩身的主筋伸入承台，长度应符合设计要求。当桩顶标高在设计标高以下时，需要在桩位上挖成喇叭口，凿掉桩头混凝土，剥出主筋并焊接至设计要求长度，与承台钢筋绑扎在一起，用与桩身同强度等级的混凝土和承台一起浇筑接长桩身。

（二）钢管桩

在我国沿海及内陆冲积平原地区，土质常为很厚 (深达 50 ～ 60 m) 的软土层，用常规钢筋混凝土和预应力混凝土桩难以适应时，多选用钢管桩来加固地基。

钢管桩的优点是：重量轻、刚性好、承载力高，桩长易于调节，排土量小，对邻近建筑物影响小，接头连接简单，工程质量可靠，施工速度快。但钢管桩也存在一些缺点，例如：钢材用量大，工程造价较高；打桩机具设备较复杂，振动和噪声较大；桩材保护不善，易腐蚀等。

钢管桩施工有先挖土后打桩和先打桩后挖土两种方法。在软土地区，一般表层土承载力尚可，深部地基承载力则往往很差，且地下水位较高，较难以排干。为避免基坑长时间大面积暴露被扰动，同时也为了便于施工作业，一般采取先打桩后挖土的施工法。

（三）混凝土灌注桩

灌注桩是直接在桩位上就地成孔，然后在孔内安放钢筋笼 (也有直接插筋或省去钢筋的)，再灌注混凝土而成。根据成孔工艺不同，分为泥浆护壁成孔、干作业成孔、人工挖孔、套管成孔和爆扩成孔等。

灌注桩能适应地层的变化，无须接桩，施工时无振动、无挤土和噪声小，适宜在建筑物密集的地区使用。但其操作要求严格，施工后需要一定的养护期方可承受荷载，成孔时有大量土基或泥浆排出。

(1) 泥浆护壁成孔灌注桩。泥浆护壁成孔灌注桩按成孔工艺和成孔机械不同分为正循环钻孔灌注桩、反循环钻孔灌注桩、钻孔扩底灌注桩和冲击成孔灌注桩，灌注桩的桩顶标高至少要比设计标高高出 0.8～1.0 m，桩底清孔质量按不同成桩工艺有不同的要求，应按规范要求执行。

(2) 干作业成孔灌注桩。干作业成孔灌注桩指在地下水位以上地层可采用机械或人工成孔并灌注混凝土的成桩工艺。干作业成孔灌注具有施工振动小、噪声低、环境污染少的优点。

干作业成孔灌注桩即不用泥浆或套管护壁措施而直接排出土成孔的灌注桩。这是在没有地下水的情况下进行施工的方法。目前干作业成孔的灌注桩常用的有螺旋钻孔灌注桩、螺旋钻孔扩孔灌注桩、机动洛阳铲挖孔灌注桩及人工挖孔灌注桩四种。螺旋钻孔灌注桩的施工机械形式有长螺旋钻孔机和短螺旋钻孔机两种。但施工工艺除长螺旋钻孔机为一次成孔，短螺旋钻孔机为分段多次成孔外，其他都相同。

(3) 人工挖孔灌注桩。人工挖孔灌注桩是用人工挖土成孔，再浇筑混凝土成桩的。人工挖孔灌注桩的特点如下：

① 单桩承载力高，结构受力明确，沉降量小；

② 可直接检查桩直径、垂直度和持力层情况，桩质量可靠；

③ 施工机具设备简单，工艺操作简单，占场地小；

④ 施工无振动、无噪声、无环境污染，对周边建筑无影响。

(4) 套管成孔灌注桩。套管成孔灌注桩是目前采用最为广泛的一种灌注桩。它有锤击沉管灌注桩、振动沉管灌注桩等。利用锤击沉桩设备沉管、拔管成桩的，称为锤击灌注桩；利用激振器振动沉管、拔管成桩的，称为振动灌注桩。

(5) 爆扩成孔灌注桩。爆扩成孔灌注桩又称爆扩桩，这种灌注桩由桩柱和扩大头两部分组成。

（四）钻孔压浆桩

钻孔压浆桩施工法是利用长螺旋钻孔机钻孔至设计深度，在提升钻杆的同时通过设在钻头上的喷嘴向孔内高压灌注制备好的以水泥浆为主剂的浆液，至浆液达到没有塌孔危险的位置或地下水位以上 0.5～1.0 m 处；起钻后向孔内放入钢筋笼，并放入至少 1 根直通孔底的高压注浆管，然后投放粗骨料至孔口设计标高以上 0.3 m 处；最后通过高压注浆管，在水泥浆终凝之前多次重复地向孔内补浆，直至孔口冒浆为止。

1. 钻孔压浆桩的优点

钻孔压浆桩的优点有：振动小、噪声低；由于钻孔后的土柱和钻杆是被孔底的高压水泥浆置换后提出孔外的，所以能在流沙、淤泥、砂卵石、易塌孔和存在地下水的地质条件下，采用水泥浆护壁而顺利地成孔成桩；由于高压注浆对周围的地层有明显的渗透、加固挤密作用，因此可解决断桩、缩颈、桩底虚上等问题，还有局部膨胀扩径现象，提高承载力；不用泥浆护壁，就没有因大量泥浆制备和处理而带来的污染环境、影响施工速度和质量等弊端；施工速度快、工期短；单承载力较高。

2. 钻孔压浆桩的缺点

钻孔压浆桩的缺点有：因为桩身用无砂混凝土，所以水泥消耗量较普通钢筋混凝土灌注桩多，其脆性比普通钢筋混凝土桩要大；桩身上部的混凝土密实度比桩身下部差，静载试验时有桩顶压裂现象；注浆结束后，地面上水泥浆流失较多；遇到厚流沙层时，成桩较难。

（五）灌注桩后压浆

灌注桩后压浆是指钻孔灌注桩在成桩后，由预埋的注浆通道用高压注浆泵将一定压力的水泥浆压入桩端土层和桩侧土层，通过浆液对桩端沉渣和桩端持力层及桩周泥皮起到渗透、填充、压密、劈裂、固结等作用来增强桩侧土和桩端土的强度，从而达到提高桩基极限承载力，减少群桩沉降量的一项技术措施。钻孔灌注桩后压浆施工技术主要有桩底后压浆、桩侧后压浆、复式压浆（桩底和桩侧同时后压浆）三类。

第四节　桩基工程工程量的计算规则与方法

一、打桩的工程量计算规则与方法

（一）工程量的计算规则

打桩的工程量清单项目设置（编码、项目名称）、项目特征描述、计量单位及工程量计算规则按表 4-4 的规定执行。

表 4-4　C.1 打桩（编码：010301）

项目编码	项目名称	项目特征	计量单位	工程量计算规则
010301001	预制钢筋混凝土方桩	(1) 地层情况； (2) 送桩深度、桩长； (3) 桩截面； (4) 桩倾斜度； (5) 混凝土强度等级	(1) m； (2) 根	(1) 以 m 计量，按设计图示尺寸以桩长（包括桩尖）计算； (2) 以根计量，按设计图示数量计算

续表

项目编码	项目名称	项目特征	计量单位	工程量计算规则
010301002	预制钢筋混凝土管桩	(1) 地层情况； (2) 送桩深度、桩长； (3) 桩外径、壁厚； (4) 桩倾斜度； (5) 混凝土强度等级； (6) 填充材料种类； (7) 防护材料种类		
010301003	钢管桩	(1) 地层情况； (2) 送桩深度、桩长； (3) 材质； (4) 管径、壁厚； (5) 桩倾斜度； (6) 填充材料种类； (7) 防护材料种类	(1) t； (2) 根	(1) 以 t 计量，按设计图示尺寸以质量计算； (2) 以根计量，按设计图示数量计算
010301004	截(凿)桩头	(1) 桩头截面、高度； (2) 混凝土强度等级； (3) 有无钢筋	(1) m³； (2) 根	(1) 以 m³ 计量，按设计桩截面×桩头长度，以体积计算； (2) 以根计量，按设计图示数量计算

（二）相关说明

1. 打桩

预制钢筋混凝土方桩和管桩的工程量计算公式分别为

$$预制钢筋混凝土方桩工程量 = ABLN \tag{4-1}$$
$$预制钢筋混凝土管桩工程量 = \pi(R^2 - r^2)LN \tag{4-2}$$

式中，A 为方桩截面的长 (m)；B 为方桩截面的宽 (m)；R 为管桩外半径 (m)；r 为管桩内半径 (m)；L 为管桩的长度 (m)；N 为桩的根数。

如果管桩的空心部分按设计要求需灌注混凝土或其他填充材料，则应另行计算。

2. 接桩和送桩

混凝土预制长桩受运输和打桩设备条件的限制，必须分节制作、运输和打入。在打入过程中，把各节桩在接头处以某种方式连接起来称为接桩。电焊接桩按设计接头以个计算，硫磺胶泥接桩按桩截面以 m² 计算，如图 4-10 所示。

在打桩时，由于打桩架底盘离地面有一定距离，因此不能将桩打入地面以下设计位置，而需要用打桩机和送桩机将预制桩送入土中，这一过程称为送桩。其工程量按桩截面面积乘以送桩长度 (即打桩架底至桩顶面高度或自桩顶面至自然地坪面另加 0.5 m) 计算，如图 4-11 所示。

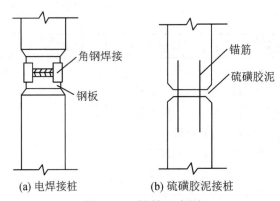

图 4-10　接桩示意图

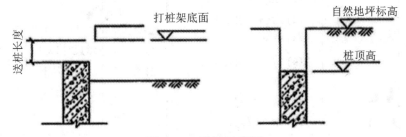

图 4-11　送桩示意图

【例 4-2】　某预制桩如图 4-12 所示，采用硫磺胶泥接桩，计算接桩工程量。

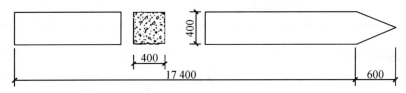

图 4-12　某预制桩示意图

【分析】　硫磺胶泥接桩以面积计算。

【解】　　　　　　　　　　$S = 0.4 \text{ m} \times 0.4 \text{ m} \times 2 = 0.32 \text{ m}^2$

【例 4-3】　某建筑物采用柴油打桩机打预制钢筋混凝土方桩，设计预制方桩规格为 300 mm × 300 mm，每根工程桩长 18 m(6 m + 6 m + 6 m)，共 200 根。桩顶标高为 -2.15 m，设计室外地面标高为 -0.6 m，柴油打桩机施工，方桩包角钢接头。计算与打桩有关的工程量并列出分部分项工程量清单。

【分析】　打预制钢筋混凝土方桩以体积 "m³" 计算；根据题目，每根工程桩是由 3 根 6 m 长的桩接桩而形成的，故每根工程桩按 2 个接头计算；送桩工程量自桩顶面至自然地坪面另加 0.5 m。

【解】　(1) 打桩工程量：18 m × 0.3 m × 0.3 m × 200 = 324.0 m³。

(2) 接桩：200 × 2 = 400 个。

(3) 送桩工程量：2.15 m - 0.6 m + 0.5 m = 2.05 m。

本例的工程量清单如表 4-5 所示。

表 4-5 预制方桩分部分项工程量清单

序号	项目编码	项目名称	项目特征	计量单位	工程量	金额（元）	
						综合单价	合价
1	010301001001	预制钢筋混凝土方桩	（1）地层情况：综合考虑； （2）送桩长度、桩长：2.05 m、18 m； （3）桩截面：300×300； （4）电焊接桩 400 个	m³	122.40		

二、灌注桩的工程量计算规则与方法

（一）工程量计算规则

灌注桩的工程量清单项目设置（编码、名称）、项目特征描述、计量单位及工程量计算规则按表 4-6 的规定执行。

表 4-6 C.2 灌注桩（编码：010302）

项目编码	项目名称	项目特征	计量单位	工程量计算规则
010302001	泥浆护壁成孔灌注桩	(1) 地层情况； (2) 空桩长度、桩长； (3) 桩径； (4) 成孔方法； (5) 护筒类型、长度； (6) 混凝土类别、强度等级	(1) m (2) m³ (3) 根	（1）以 m 计量，按设计图示尺寸以桩长（包括桩尖）计算； （2）以 m³ 计量，按不同截面在桩上范围内以体积计算； （3）以根计量，按设计图示数量计算
010302002	沉管灌注桩	(1) 地层情况； (2) 空桩长度、桩长； (3) 复打长度； (4) 桩径； (5) 沉管方法； (6) 桩尖类型； (7) 混凝土类别、强度等级		

项目编码	项目名称	项目特征	计量单位	工程量计算规则
010302003	干作业成孔灌注桩	(1) 地层情况； (2) 空桩长度、桩长； (3) 桩径； (4) 扩孔直径、高度； (5) 成孔方法； (6) 混凝土类别、强度等级		
010302004	挖孔桩土（石）方	(1) 土（石）类别； (2) 挖孔深度； (3) 弃土（石）运距	m³	按设计图示尺寸截面积×挖孔深度，以 m³ 计算
010302005	人工挖孔灌注桩	(1) 桩芯长度； (2) 桩芯直径、扩底直径、扩底高度； (3) 护壁厚度、高度； (4) 护壁混凝土类别、强度等级； (5) 桩芯混凝土类别、强度等级	(1) m³； (2) 根	1. 以 m³ 计量，按桩芯混凝土体积计算； 2. 以根计量，按设计图示数量计算
010302006	钻孔压浆桩	(1) 地层情况； (2) 空钻长度、桩长； (3) 钻孔直径 (4) 水泥强度等级	(1) m； (2) 根	1. 以 m 计量，按设计图示尺寸以桩长计算； 2. 以根计量，按设计图示数量计算
010302007	桩底注浆	(1) 注浆导管材料、规格； (2) 注浆导管长度； (3) 单孔注浆量； (4) 水泥强度等级	孔	按设计图示以注浆孔数计算

（二）相关说明

1. 打孔灌注桩

(1) 混凝土桩、砂桩、碎石桩均按设计桩长（包括桩尖）×设计桩外径截面积，以体积计算。

(2) 扩大桩的体积按单桩体积×次数计算。

(3) 打孔后先埋入预制混凝土桩尖，再灌注混凝土桩，桩尖按钢筋混凝土章节规定计算体积，灌注桩按设计长度（自桩尖顶面至桩顶面高度）×钢管管箍外径截面面积计算。

2. 钻孔灌注桩

钻孔灌注桩灌注混凝土按设计桩长（包括桩尖长，不扣除桩尖虚体积）与超灌长度

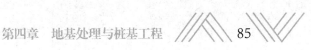

之和×设计桩断面面积，以 m³ 计算。超灌长度设计有规定的按设计规定计算，设计无规定的按 0.25 m 计算。

3. 人工挖孔灌注桩

(1) 挖土按实挖深度×设计桩截面面积，以 m³ 计算。

(2) 护壁混凝土按设计图示尺寸以 m³ 计算。

(3) 扩大头如需锚杆支护时，另行计算。

(4) 人工挖孔混凝土桩从桩承台以下，按设计图示尺寸以 m³ 计算。

本章主要介绍了地基基础、边坡支护以及桩基工程的概念、工程量清单计算规则与方法，针对所涵盖的内容、计算规则与方法给出了相应的案例，帮助同学们加深对知识点的理解。

思考与练习

单项选择题

1. 下列不属于预制钢筋混凝土方桩的工程量计算规则的是（　　）。

A. 以 m 计算时，$L = $ 桩长 × 根数

B. 以根数计算时，$n = $ 根数

C. 以 m³ 计算时，$V = $ 桩截面积 × 桩长 × 根数

D. 以 m² 计算时，$S = $ 直径 × 桩长 × 根数

2. 计算桩间挖土方工程量时（　　）。

A. 要扣除桩所占体积　　　　　　　　B. 不扣除桩所占体积

C. 灌注桩要扣除所占体积　　　　　　D. 灌注桩不扣除所占体积

3. 计算灰土挤密桩的工程量时，其计量单位为（　　）。

A. 桩长（不含桩尖）　　　　　　　　B. 桩长（含桩尖）

C. 桩长（含桩尖）或根数　　　　　　D. 体积

4. 预制钢筋混凝土桩的工程量应按（　　）。

A. 按设计图示尺寸以桩长（包括桩尖）或根数计算

B. 按设计图示尺寸以面积计算

C. 按设计图示尺寸以桩长（不包括桩尖）或根数计算

D. 按设计图示尺寸以体积（扣除桩尖虚体积）计算

第五章

砌 筑 工 程

学习目标

(1) 了解砌筑工程的基本概念。
(2) 掌握砖砌体、石砌体、砌块砌体的基本知识。
(3) 能够计算砌筑工程的工程量。

知识结构图

本章的知识结构图如图 5-1 所示。

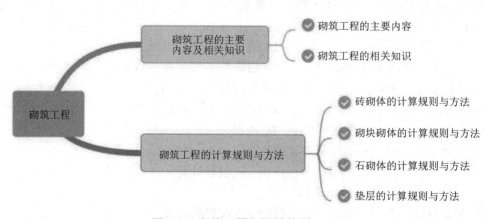

图 5-1 砌筑工程知识结构图

施工现场经常会看到工人砌墙、基础等构筑物，有的时候使用的是砖砌，有的时候是砌块或者石材。这意味着砌筑工程不是特指砖砌体工程，而是砖砌体、砌块砌体、石砌体等的统称。

思考：砌筑工程应该怎么计算工程量？

第一节 砌筑工程的主要内容及相关知识

一、砌筑工程的主要内容

根据《房屋建筑与装饰工程工程量计算规范》，砌筑工程包括 D.1 砖砌体、D.2 砌块砌体、D.3 石砌体和 D.4 垫层。

（一）砖砌体

砖砌体工程的工程量清单根据"13 规范"的附录 D.1 编制，包括砖基础、砖砌挖孔桩护壁、实心砖墙、多孔砖墙、空心砖墙、空斗墙、空花墙、填充墙、实心砖柱、多孔砖柱、砖检查井、零星砌砖、砖散水（地坪）、砖地沟（明沟）等项目。

（二）砌块砌体

砌块砌体工程的工程量清单根据"13 规范"的附录 D.2 编制，包括砌块墙、砌块柱等项目。

（三）石砌体

石砌体工程的工程量清单根据"13 规范"的附录 D.3 编制，包括石基础、石勒脚、石墙、石挡土墙、石柱、石栏杆、石护坡、石台阶、石坡道、石地沟（明沟）等项目。

（四）垫层

垫层工程的工程量清单根据"13 规范"的附录 D.4 编制，除混凝土垫层应按本规范附录 E 中的相关项目编码列项外，没有垫层要求的清单项目应按该垫层项目编码列项，如灰土垫层、碎石垫层、毛石垫层等。

二、砌筑工程的相关知识

砌筑工程是指砖、石和各类砌块的砌筑。由于砌体结构取材方便，造价低廉，施工工艺简单，且又是我国传统建筑施工工艺，因此仍大量采用。砖砌体的不足之处是自重大，手工操作工效低，占用土地资源，现阶段许多地区已采用工业废料和天然材料制作中小型砌体及多孔砖来代替普通黏土砖。

计算砌筑工程的工程量时，应该掌握不同部位砌体的有关构造、规则及尺寸。

（一）砌块和砌体

砌块是利用混凝土、工业废料（炉渣、粉煤灰等）或地方材料制成的人造块材，外形尺寸比砖大，具有设备简单、砌筑速度快的优点。

砌体是由块体和砂浆砌筑而成的墙或柱（砖混结构），包括砖砌体、砌块砌体、石砌体和墙板砌体。在一般的工程建筑中，砌体占整个建筑物自重的约 1/2，用工量和造价各占约 1/3，是建筑工程的重要材料。

（二）附墙砖垛

当墙体承受集中荷载时，墙砌体会在一侧凸出，以增加支座的承压面积，如图 5-2 所示。

（三）砌体出檐及附墙烟道等

因构造要求，在墙身做砖挑檐，起分隔立面装饰、滴水等作用；因排烟、排气需要设置的附墙烟道、排气道随墙体同时砌筑，如图 5-3 所示。

（a）二出檐挑檐　　　　　（b）附墙烟道、排气道

图 5-2　附墙砖垛　　　　　图 5-3　砌体出檐及附墙烟道

（四）空斗墙和空花墙

空斗墙是指用砖侧砌或平、侧交替砌筑成的空心墙体。空花墙是指用砖砌成各种镂空花式的墙体。

（五）贴砌砖

贴砌砖是指地下室外墙外边用砖贴砌来保护防水层的部分。

（六）干混砂浆

干混砂浆通常叫水硬性水泥混合砂浆，是指经干燥筛分处理的骨料（如石英砂）、

无机胶凝材料 (如水泥)、添加剂 (如聚合物) 等按定比例进行物理混合而成的一种颗粒外或粉状，以袋装或散装的形式运至工地，加水拌和后即可直接使用的物料。

(1) 干混砌筑砂浆代号为 DM，干混抹灰砂浆代号为 DP，干混地面砂浆代号为 DS。

(2) 传统建筑砂浆是按材料的比例设计的，而预拌砂浆是按抗压强度等级划分的，为方便工程造价人员计价，现给出预拌砂浆与传统砂浆的对应关系供参考 (见表 5-1)。

表 5-1　预拌砂浆与传统砂浆的对应关系参照表

品　种	强度代号	传 统 砂 浆
干混砌筑砂浆	M5	M5 混合砂浆；M5 水泥砂浆
	M7.5	M7.5 混合砂浆；M7.5 水泥砂浆
	M10	M10 混合砂浆；M10 水泥砂浆
	M15	M15 混合砂浆；M15 水泥砂浆
	M20	M20 水泥砂浆
干混抹灰砂浆	M5	1:1:6 混合砂浆；1:1:5 混合砂浆；1:2:6 混合砂浆；1:3:9 混合砂浆
	M10	1:1:4 混合砂浆；1:4 水泥砂浆
	M15	1:1:3 混合砂浆；1:3 水泥砂浆
	M20	1:1:2 混合砂浆；1:2 水泥砂浆；1:2.5 水泥砂浆
干混地面砂浆	M15	1:1:3 混合砂浆；1:3 水泥砂浆
	M20	1:1:2 混合砂浆；1:0.5:2 混合砂浆；1:2 水泥砂浆；1:2.5 水泥砂浆

第二节　砌筑工程的计算规则与方法

一、砖砌体的计算规则与方法

（一）工程量计算规则

砖砌体的工程量清单项目设置、项目特征描述的内容、计量单位及工程量计算规则按表 5-2 的规定执行。

表 5-2　D.1 砖砌体（编码 010401）

项目编码	项目名称	项目特征	计量单位	工程量计算规则
010401001	砖基础	(1) 砖品种、规格、强度等级； (2) 基础类型； (3) 浆强度等级； (4) 防潮层材料种类	m³	(1) 按设计图示尺寸以体积计算。 (2) 包括附墙垛基础宽出的部分体积，扣除地梁（圈梁）、构造柱所占体积，不扣除基础大放脚 T 形接头处的重叠部分及嵌入基础内的钢筋、铁件、管道、基础砂浆防潮层和单个面积≤ 0.3 m² 的孔洞所占的体积，靠墙暖气沟的挑檐不增加。 (3) 基础长度：外墙按外墙中心线，内墙按内墙净长线计算
010401002	砖砌挖孔桩护壁	(1) 砖品种、规格、强度等级； (2) 砂浆强度等级		按设计图示尺寸以 m³ 计算
010401003	实心砖墙	(1) 砖品种、规格、强度等级； (2) 墙体类型； (3) 砂浆强度等级、配合比	m³	(1) 按设计图示尺寸以体积计算。 (2) 扣除门窗洞口、过人洞、空圈、嵌入墙内的钢筋混凝土柱、梁、圈梁、挑梁、过梁及凹进墙内的壁龛、管槽、暖气槽、消火栓箱所占体积，不扣除梁头、板头、檩头、垫木、木楞头、沿缘木、木砖、门窗走头、砖墙内加固钢筋、木筋、铁件、钢管及单个面积≤ 0.3 m² 的孔洞所占的体积。凸出墙面的腰线、挑檐、压顶、窗台线、虎头砖、门窗套的体积亦不增加。凸出墙面的砖垛并入墙体体积内计算。 (3) 墙长度：外墙按中心线、内墙按净长计算。 (4) 墙高度： ① 外墙：斜（坡）屋面无檐口天棚者算至屋面板底；有屋架且室内外均有天棚者算至屋架下弦底另加 200 mm；无天棚者算至屋架下弦底另加 300 mm，出檐宽度超过 600 mm 时按实砌高度计算；与钢筋混凝土楼板隔层者算至板顶；平屋顶算至钢筋混凝土板底。
010401004	多孔砖墙			

续表（一）

项目编码	项目名称	项目特征	计量单位	工程量计算规则
				② 内墙：位于屋架下弦者，算至屋架下弦底；无屋架者算至天棚底另加 100 mm；有钢筋混凝土楼板隔层者算至楼板顶；有框架梁时算至梁底。 ③ 女儿墙：从屋面板上表面算至女儿墙顶面（如有混凝土压顶时算至压顶下表面）。 ④ 内、外山墙：按其平均高度计算。 （5）框架间墙：不分内外墙按墙体净尺寸以体积计算。 （6）围墙：高度算至压顶上表面（如有混凝土压顶时算至压顶下表面），围墙柱并入围墙体积
010401005	空心砖墙			
010401006	空斗墙	（1）砖品种、规格、强度等级； （2）墙体类型； （3）砂浆强度等级、配合比	m³	按设计图示尺寸以空斗墙外形体积计算。墙角、内外墙交接处、门窗洞口立边、窗台砖、屋檐处的实砌部分体积并入空斗墙体积内
010401007	空花墙			按设计图示尺寸以空花部分外形体积计算，不扣除空洞部分的体积
010404008	填充墙			按设计图示尺寸以填充墙外形体积计算
010401009	实心砖柱	（1）砖品种、规格、强度等级； （2）柱类型； （3）砂浆强度等级、配合比		按设计图示尺寸以体积计算。扣除混凝土及钢筋混凝土梁垫、梁头所占的体积
010404010	多孔砖柱			
010404011	砖检查井	（1）井截面； （2）垫层材料种类、厚度； （3）底板厚度； （4）井盖安装； （5）混凝土强度等级； （6）砂浆强度等级； （7）防潮层材料种类	座	按设计图示数量计算

项目编码	项目名称	项目特征	计量单位	工程量计算规则
010404013	零星砌砖	(1) 零星砌砖名称、部位； (2) 砂浆强度等级、配合比	(1) m³； (2) m²； (3) m； (4) 个	(1) 以 m³ 计量，按设计图示尺寸截面积乘以长度计算。 (2) 以 m² 计量，按设计图示尺寸水平投影面积计算。 (3) 以 m 计量，按设计图示尺寸长度计算。 (4) 以个计量，按设计图示数量计算
010404014	砖散水、地坪	(1) 砖品种、规格、强度等级； (2) 垫层材料种类、厚度； (3) 散水、地坪厚度； (4) 面层种类、厚度； (5) 砂浆强度等级	m²	按设计图示尺寸以面积计算
010404015	砖地沟、明沟	(1) 砖品种、规格、强度等级； (2) 沟截面尺寸； (3) 垫层材料种类、厚度； (4) 混凝土强度等级； (5) 砂浆强度等级	m	以 m 计量，按设计图示以中心线长度计算

（二）相关说明

1. 砖基础

砖基础主要包括墙下条形基础和柱下独立砖基础，均按体积以 m³ 计算。

1) 条形基础

条形基础的工程量的计算公式为

$$V = (bH + \Delta S_{放})L + 增加的体积 - 扣除的体积 \tag{5-1}$$

或

$$V = b(H + \Delta H)L + 增加的体积 - 扣除的体积 \tag{5-2}$$

式中，V 为砖基础体积 (m³)；b 为标准墙厚 (m)；H 为基础高度 (m)；L 为基础长度 (m)；$\Delta S_{放}$ 为大放脚增加面积 (m²)；ΔH 为大放脚折加高度 (m)。

(1) 标准墙厚 b。

标准砖尺寸以 240 mm×115 mm×53 mm 为准 (灰缝宽度为 10 mm)，无论图纸上如何标注墙体厚度，标准砖墙厚度均按表 5-3 计算。

表 5-3　标准砖墙厚度表

砖数 / 厚度	$\frac{1}{4}$	$\frac{1}{2}$	$\frac{3}{4}$	1	1.5	2	2.5	3
计算厚度 /mm	53	115	180	240	365	490	615	740

使用非标准砖时，砖墙厚度按实际规格和设计厚度计算。墙体厚度与标准砖规格的关系如图 5-4 所示。

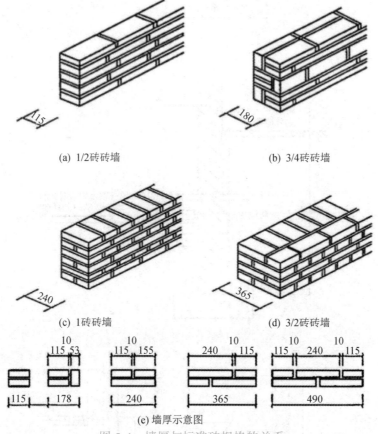

(a) 1/2砖砖墙

(b) 3/4砖砖墙

(c) 1砖砖墙

(d) 3/2砖砖墙

(e) 墙厚示意图

图 5-4　墙厚与标准砖规格的关系

(2) 基础高度 H。

当基础和墙身使用同一种材料时，以室内设计地坪为分界线，以下为基础，以上为墙身，如图 5-5 所示。对有地下室的地基，以地下室内设计地坪为界，以下为基础，以上为墙身，如图 5-6 所示。

当基础和墙身使用不同材料时，如两种材料分界线距室内设计地坪高度超过±300 mm，以室内设计地坪为分界线；如果两种材料分界线距室内设计地坪高度在±300 mm 以内时，以不同材料的分界线为分界线，如图 5-7 所示。砖、石围墙以设计室外地坪为分界线，以下为基础，以上为墙身。

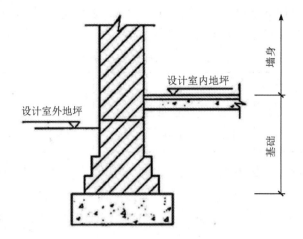

图 5-5　同种材料基础与墙身的划分

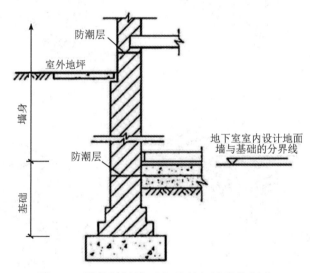

图 5-6　同种材料地下室基础与墙身的划分

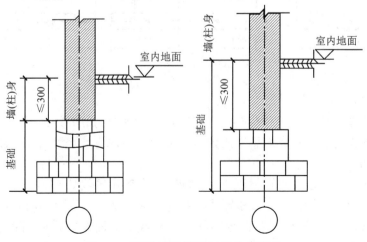

图 5-7　不同材料基础与墙身的划分

(3) 基础长度 L。

外墙按设计外墙中心线长度计算，内墙按设计内墙净长度计算。

【例 5-1】 根据图 5-8 所示的基础施工图的尺寸，基础墙均为 240 mm，轴线标注为中心线，试计算砖基础的长度。

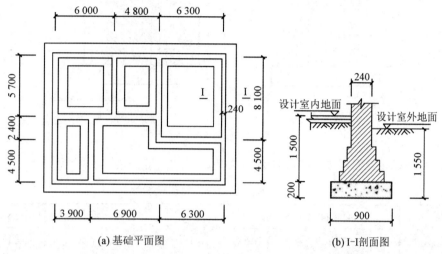

(a) 基础平面图　　(b) I-I剖面图

图 5-8　砖基础施工图

【分析】 外墙按设计外墙中心线长度 $L_{中}$ 计算，内墙按设计内墙净长度 $L_{内}$ 计算。

【解】
$$L_{中} = \big[(4.5\ \text{m} + 2.4\ \text{m} + 5.7\ \text{m}) + (3.9\ \text{m} + 6.9\ \text{m} + 6.3\ \text{m}) \big] \times 2$$
$$= (12.6\ \text{m} + 17.1\ \text{m}) \times 2$$
$$= 59.40\ \text{m}$$

$$L_{内} = (5.7\ \text{m} - 0.24\ \text{m}) + (8.1\ \text{m} - 0.24\ \text{m}) + (4.5\ \text{m} + 2.4\ \text{m} - 0.24\ \text{m}) +$$
$$(6.0\ \text{m} + 4.8\ \text{m} - 0.24\ \text{m}) + 6.3\ \text{m}$$
$$= 5.46\ \text{m} + 7.86\ \text{m} + 6.66\ \text{m} + 10.56\ \text{m} + 6.30\ \text{m}$$
$$= 36.84\ \text{m}$$

砖基础长度 = 59.4 m + 36.84 m = 76.24 m

(4) 大放脚。

大放脚多见于砌体墙下条形基础，它是指为了满足地基承载力的要求，把基础底面做得比墙身宽，呈阶梯形逐级加宽的部分（从基础墙断面上看单边或两边阶梯形的放出部分）。大放脚同时也必须防止基础的冲切破坏，满足高宽比的要求。大放脚有等高式和间隔式两种，如图 5-9 所示。

大放脚的宽度为半砖长的整倍数。等高式大放脚是每砌两皮砖收进一次，每次每边各收进 1/4 砖长。间隔式大放脚是每砌两皮砖及一皮砖，两边轮流各收进 1/4 砖长，最下面应为两皮砖。

一个大放脚标准块面积为 0.007 875，则等高式标准砖大放脚基础的大放脚增加面积为

$$\Delta S = 0.007\ 875 \times n \times (n + 1) \tag{5-3}$$

不等高式标准砖大放脚基础的大放脚增加面积为

$$\Delta S = 0.007\ 875 \times \big[n \times (n + 1) - \sum \text{半层层数值} \big] \tag{5-4}$$

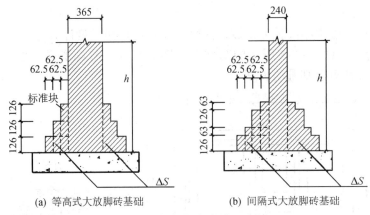

(a) 等高式大放脚砖基础　　　(b) 间隔式大放脚砖基础

图 5-9　大放脚砖基础示意图

基础大放脚增加面积如表 5-4 所示，大放脚折加高度如表 5-5 所示。

表 5-4　砖基础大放脚面积增加表

放脚层数 n	增加断面面积 ΔS/m²		放脚层数 n	增加断面面积 ΔS/m²	
	等高	不等高（奇数层为半层）		等高	不等高（奇数层为半层）
1	0.015 75	0.007 9	9	0.708 8	0.511 9
2	0.047 25	0.039 4	10	0.866 3	0.669 4
3	0.094 5	0.063 0	11	1.039 5	0.756 0
4	0.157 5	0.126 0	12	1.228 5	0.945 0
5	0.236 3	0.165 4	13	1.433 3	1.047 4
6	0.330 8	0.259 9	14	1.653 8	1.267 9
7	0.441 0	0.315 0	15	1.890 0	1.386 0
8	0.567 0	0.441 0	16	2.142 0	1.638 0

表 5-5　砖基础大放脚高度折加表

放脚层数	折加高度 /m											
	1/2 砖 (0.115)		1 砖 (0.24)		1.5 砖 (0.365)		2 砖 (0.49)		2.5 砖 (0.615)		3 砖 (0.74)	
	等高	不等高	等高	不等高	等高	不等高	等高	不等高	等高	不等高	等高	不等高
1	0.137	0.137	0.066	0.066	0.043	0.043	0.032	0.032	0.026	0.026	0.021	0.021
2	0.411	0.342	0.197	0.164	0.129	0.108	0.096	0.08	0.077	0.064	0.064	0.053
3			0.394	0.328	0.259	0.216	0.193	0.161	0.154	0.128	0.128	0.106
4			0.656	0.525	0.432	0.345	0.321	0.253	0.256	0.205	0.213	0.17
5			0.984	0.788	0.647	0.518	0.482	0.38	0.384	0.307	0.319	0.255

(5) 增加体积。

增加体积是指附墙垛、基础宽出的部分体积。靠墙暖气沟的挑檐 (见图 5-10) 体积不增加。

(6) 扣除体积。

扣除体积是指通过地基且面积在 0.3 m² 以上的孔洞、伸入墙体的混凝土构件 (地梁、圈梁、构造柱等) 的体积。

另外，基础大放脚 T 形接头处的重叠部分 (见图 5-11) 以及嵌入基础的钢筋、铁件、管道、基础防潮层、单个面积在 0.3 m² 以内的孔洞所占的体积不予扣除。

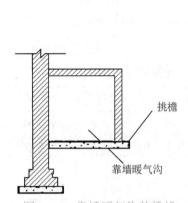
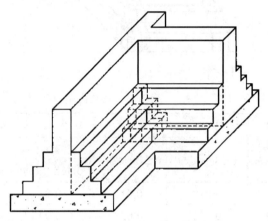

图 5-10　靠墙暖气沟的挑檐　　　　图 5-11　基础放脚 T 形接头处的重叠部分

【例 5-2】　根据例 5-1，图 5-11 所示的大放脚基础尺寸内外墙基础都按照图 5-9(b) 的剖面图施工，大放脚为标准大放脚，计算砖基础工程量。

【分析】　条形基础工程量的计算公式为

$$V = \left[(bH + \Delta S_{放})L \right] + 增加的体积 - 扣除的体积$$

式中，$b = 0.24$；墙身与基础同种材料，故 $H = 1.5$；$\Delta S_{放} = 0.007\,878 \times 3 \times 4$(或者查表可得 0.0945)；$L = 76.24$。

【解】　$V_{砖基} = (0.24\ \text{m} \times 1.5\ \text{m} + 0.0945\ \text{m}^2) \times 76.24\ \text{m} = 34.65\ \text{m}^3$

2) 独立砖基础

独立砖基础即砖柱基础。砖柱基础的工程量计算分为两部分：一是将柱的体积算至基础底，二是将柱四周放脚的体积算出 (见图 5-12 和图 5-13)。

独立砖基础的工程量计算公式为

$$V = (abH + \Delta V_{放})m \tag{5-5}$$

式中，V 为独立砖基础体积 (m³)；a、b 为基础柱断面的长、宽 (m)；H 为基础高度 (m)；$\Delta V_{放}$ 为大放脚增加体积 (m³)；m 为基础个数。

独立砖基础分等高式和不等高式，基础大放脚每层的高度和宽度同条形基础。大放脚增加体积可查表 5-6 和表 5-7，或者通过以下公式计算：

$$\Delta V_{放} = 0.007\,875(a + b) + 0.000\,328\,125(2n + 1) \tag{5-6}$$

式中，n 为大放脚层数。

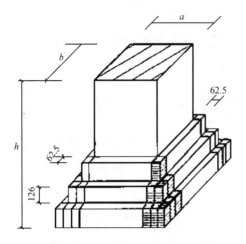

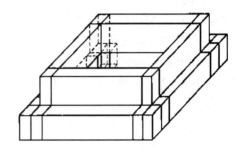

图 5-12　砖柱四周放脚示意图　　　　　　图 5-13　砖柱基四周放脚示意图

表 5-6　独立砖基础大放脚（等高式）的增加体积

n	$(a \times b)/(mm \times mm)$					
	0.24 × 0.24	0.24 × 0.365	0.24 × 0.49 0.365 × 0.365	0.365 × 0.49 0.24 × 0.615	0.49 × 0.49 0.365 × 0.65	0.49 × 0.615 0.365 × 0.74
1	0.010	0.011	0.013	0.015	0.017	0.019
2	0.033	0.038	0.045	0.050	0.056	0.062
3	0.073	0.085	0.097	0.108	0.120	0.132
4	0.135	0.154	0.174	0.194	0.216	0.233
5	0.221	0.251	0.281	0.310	0.340	0.369
6	0.337	0.379	0.421	0.462	0.503	0.545

注：(1) 放脚层数 (n) 为独立砖基础大放脚的自然层数。

　　(2) 等高式每层放脚的宽度为 62.5 mm，每层放脚的高度为 126 mm。

表 5-7　独立砖基础大放脚（不等高式）的增加体积

n	$(a \times b)/(mm \times mm)$					
	0.24 × 0.24	0.24 × 0.365	0.24 × 0.49 0.365 × 0.365	0.365 × 0.49 0.24 × 0.615	0.49 × 0.49 0.365 × 0.65	0.49 × 0.615 0.365 × 0.74
1	0.010	0.011	0.013	0.015	0.017	0.019
2	0.028	0.033	0.038	0.043	0.047	0.052
3	0.061	0.071	0.081	0.091	0.101	0.106
4	0.11	0.125	0.141	0.157	0.173	0.188
5	0.179	0.203	0.227	0.250	0.274	0.297
6	0.269	0.302	0.334	0.367	0.399	0.432

注：(1) 放脚层数 (n) 为独立砖基础大放脚的自然层数。

　　(2) 不等高式每层放脚的宽度为 62.5 mm，每层放脚的高度按 126 mm 和 63 mm 交替，
　　　　最下面一层的高度为 126 mm。

2. 砖砌挖孔护壁桩

砖砌挖孔护壁桩按设计图示尺寸以 m^3 计算。

3. 实心砖墙

实心砖墙计算墙体时，应扣除门窗洞口、过人洞、空圈、嵌入墙身的钢筋混凝土柱、梁 (包括过梁、圈梁及埋入墙内的挑梁)、暖气包壁龛 (见图 5-14)、管槽、暖气槽、消火栓箱所占的体积。不扣除梁头、板头 (见图 5-15)、檩头、垫木、木楞头、沿椽木、木砖、门窗走头 (见图 5-16)、砖墙内的加固钢筋、木筋、铁件、钢管及每个面积在 $0.3\ m^2$ 以下的孔洞等所占的体积。

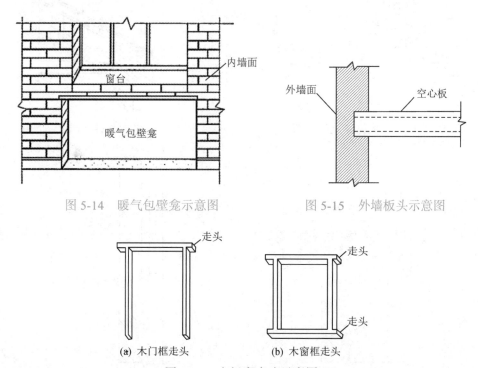

图 5-14　暖气包壁龛示意图　　　　图 5-15　外墙板头示意图

(a) 木门框走头　　　(b) 木窗框走头

图 5-16　木门窗走头示意图

突出墙面的三匹砖以内的腰线和挑檐 (见图 5-17 和图 5-18)、压顶线 (见图 5-19)、窗台线、虎头砖 (见图 5-20)、门窗套 (见图 5-21)、山墙泛水、烟囱根的体积亦不增加。

实心砖墙按设计图示尺寸以体积计算。实心砖墙工程量的计算公式为

$$V_{墙}=(L_{墙}\times H_{墙}-S_{洞口})\times b_{墙}-V_{梁、柱}+V_{垛} \tag{5-7}$$

式中，$V_{墙}$ 为砖墙体积 (m^3)；$L_{墙}$ 为墙长 (m)；$H_{墙}$ 为墙高 (m)；$S_{洞口}$ 为嵌入墙身门窗洞口面积 (m^2)；$b_{墙}$ 为墙厚 (m)；$V_{梁、柱}$ 为圈梁、过梁、挑梁的体积 (m^3)；$V_{垛}$ 为墙垛体积 (m^3)。

1) 墙长

外墙的墙长按中心线计算，内墙的墙长按净长线计算。有些外墙较厚，通常轴线与中心线不重合，即偏轴，此时要先把图纸上的轴线长度换算成中心线的长度，然后再计算。

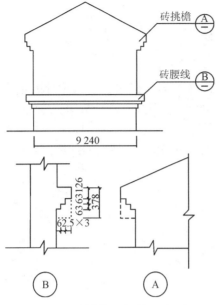

图 5-17　砖挑檐、腰线示意图

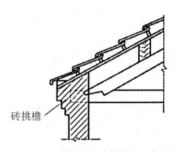

图 5-18　坡屋面砖挑檐示意图

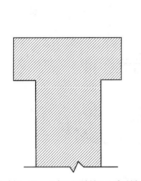

图 5-19　砖压顶线示意图

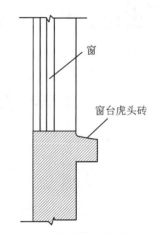

图 5-20　突出墙面的窗台虎头砖示意图

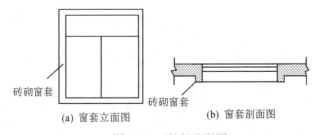

(a) 窗套立面图　　(b) 窗套剖面图

图 5-21　窗套示意图

(1) L 形接头的墙长计算。墙体在 90° 转角时，用中轴线尺寸计算墙长就能算准墙体的体积。如图 5-22(a) 所示，按箭头方向的尺寸算至两轴线的交点时，墙厚方向的水平断面面积重复计算的矩形部分正好等于没有计算到的矩形面积。因此，凡是 90° 转角的墙，算到中轴线交叉点时，就算够了墙长。

(2) T 形接头的墙长计算。当墙体处于 T 形接头时，T 形上部水平墙拉通算完长度后，垂直部分的墙只能从墙内边算净长。如图 5-22(b) 所示，当竖向轴上的墙算完长度后，横轴墙只能从竖向轴墙内边起计算墙长，故内墙应按净长计算。

(3) 十字形接头的墙长计算。当墙体处于十字形接头时，计算方法基本同 T 形接头，如图 5-22(c) 所示。因此，十字形接头处较厚墙体通长计算，分断的较薄墙体算至较厚墙体的外边线处，即算净长。

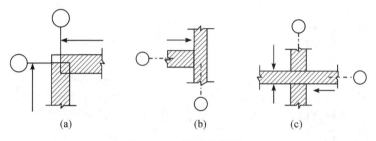

图 5-22　墙长示意图

2) 墙高

(1) 外墙高。斜 (坡) 屋面无檐口顶棚者算至屋面板 (见图 5-23) 底；有屋架且室内外均有顶棚者 (见图 5-24) 算至屋架下弦底面并另加 200 mm；无顶棚者算至屋架下弦底面并另加 300 mm(见图 5-25)，出檐宽度超过 600 mm 时应按实砌高度计算；有钢筋混凝土楼板隔层者算至板顶。平屋面算至钢筋混凝土板底 (见图 5-26)。

(2) 内墙高。内墙位于屋架下弦者 (见图 5-27)，其高度算至屋架底；无屋架者 (见图 5-28) 算至顶棚底并另加 100 mm；有钢筋混凝土楼板隔层者 (见图 5-29) 算至板底；有框架梁时 (见图 5-30) 算至梁底面。

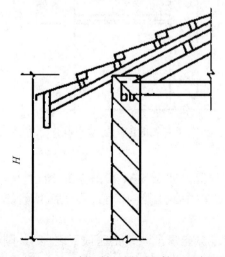

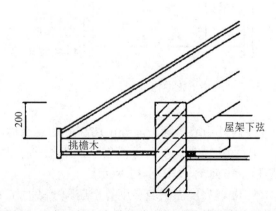

图 5-23　斜 (坡) 屋面无檐口天棚　　图 5-24　有屋架室内外均有顶棚时的外墙高度示意图

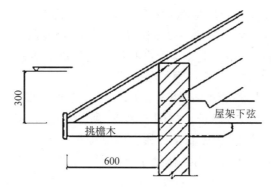

图 5-25　有屋架无顶棚时的外墙高度示意图

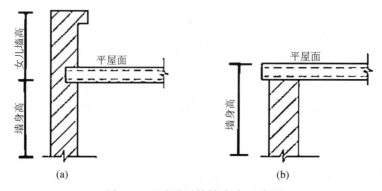

图 5-26　平屋面外墙高度示意图

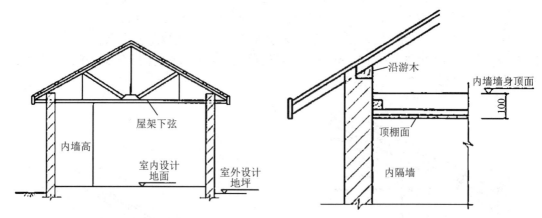

图 5-27　屋架下弦的内墙墙身高度示意图　　　图 5-28　无屋架时的内墙墙身高度示意图

(3) 内外山墙高度。内外山墙高度按其平均高度计算，如图 5-31 和图 5-32 所示。

(4) 女儿墙高。女儿墙高度从屋面板上表面算至女儿墙顶面 (如有混凝土压顶时算至压顶下表面)，如图 5-33 所示。

(5) 围墙高度。围墙高度算至压顶上表面 (如有混凝土压顶时算至压顶下表面)，围墙垛并入围墙体积内以 "m³" 计算。围墙柱按砖柱相应项目执行。

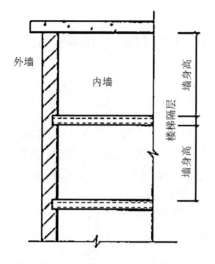

图 5-29　有混凝土楼板隔层时的内墙墙身高度示意图

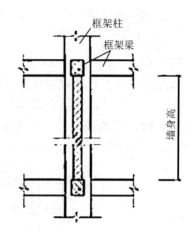

图 5-30　有框架梁时的墙身高度示意图

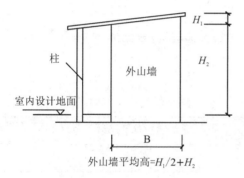

外山墙平均高=$H_1/2+H_2$

图 5-31　一坡水屋面外山墙墙高

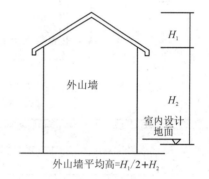

外山墙平均高=$H_1/2+H_2$

图 5-32　二坡水屋面山墙墙身高度示意图

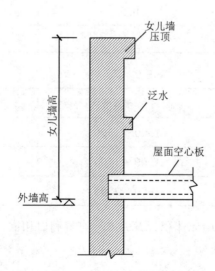

图 5-33　女儿墙高度示意图

3) 门窗洞口面积

门窗洞口面积是指门、窗及 0.3 m² 以内的洞口面积。门窗面积是指门窗的洞口面积，而不是指门窗框的外围面积。

4) 墙厚

墙厚按表 5-3 标准砖墙厚度表的规定计算。

【例 5-3】 某单层建筑物平面图如图 5-34 所示，已知层高 3.6 m， M5.0 混合砂浆实心砖墙，内外墙厚均为 240 mm，所有墙身上均设圈梁，且圈梁与现浇板顶平，板厚 100 mm。墙体埋件体积及门窗尺寸分别如表 5-8 和表 5-9 所示，计算砖砌体工程量。

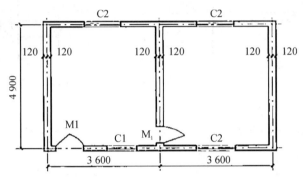

图 5-34 某单层建筑物平面图

表 5-8 构 件 表

构件名称	构件所在部位体积 /m³	
	外墙	内墙
构造柱	0.81	—
过梁	0.39	0.06
圈梁	1.13	0.22

表 5-9 门 窗 表

门窗名称	洞口尺寸 /(m×m)	数量
C1	1500 × 1500	1
C2	1500 × 1500	3
M1	1000 × 2500	2

【分析】 墙体工程量按墙体体积计算，扣除门窗洞口和嵌入墙体中的混凝土构件。

$$V_墙 = (L_墙 \times H_墙 - S_{洞口}) \times b_墙 - V_{梁、柱} + V_垛$$

【解】 由图 5-33 可知：

外墙长 = (3.6 m × 2 + 4.9 m) × 2 = 24.2 m

内墙净长 = 4.9 m - 0.24 m = 4.66 m

由表 5-9 可知：

外墙门窗洞口面积 = 1 m × 1.5 m + 1.5 m × 1.5 m × 3 + 1 m × 2.5 m = 10.75 m^2

内墙门窗洞口面积 = 1 m × 2.5 m = 2.5 m^2

由以上得出：

外墙工程量 = 0.24 m × [24.2 m × (3.6 m − 0.1 m) − 10.75 m^2] − 0.81 m^3 − 0.39 m^3 − 1.13 m^3

　　　　　= 15.42 m^3

内墙工程量 = 0.24 m × [4.66 m × (3.6 m − 0.1 m) − 2.5 m^2] − 0.06 m^3 − 0.22 m^3 ≈ 3.03 m^3

因此，砖墙工程量为

砖墙工程量 = 15.42 m^3 + 3.03 m^3 = 18.45 m^3

4. 多孔砖、空心砖

多孔砖、空心砖按图示厚度以"m^3"计算，不扣除其孔、空心部分体积。

5. 空斗墙、空花墙、填充墙

空花墙项目适用于各种类型的空花墙，使用混凝土花格砌筑的空花墙，实砌墙体与混凝土花格应分别计算，混凝土花格按混凝土及钢筋混凝土中预制构件的相关项目编码列项。空花墙按空花部分外形体积以"m^3"计算，空花部分不予扣除，其中实体部分另行计算 (见图 5-35)，套用零星砌体项目。

空斗墙按外形尺寸以"m^3"计算，墙角、内外墙交接处，门窗洞口立边，窗台砖及屋檐处的实砌部分已包括在定额内，不另行计算，但窗间墙、窗台下、楼板下、梁头下等实砌部分，应另行计算，套用零星砌体定额项目 (见图 5-36)。

填充墙按设计图示尺寸以填充墙外形体积"m^3"计算。项目特征需要描述填充材料种类及厚度。

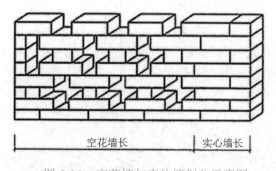

图 5-35　空花墙与实体墙划分示意图

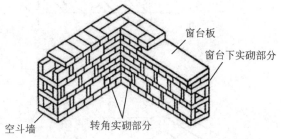

图 5-36　空斗墙转角及窗台下实砌部分示意图

6. 其他砖砌体

(1) 砖砌锅台、炉灶，不分大小，均按图示外形尺寸以"m^3"计算，不扣除各种空洞的体积。

说明：① 锅台一般指大食堂、餐厅里用的锅灶。

② 炉灶一般指住宅里每户用的灶台。

(2) 实心砖柱、多孔砖柱，按设计图示尺寸以体积"m^3"计算，扣除混凝土及钢筋混凝土梁垫、梁头、板头所占体积。

(3) 砖检查井、散水、地坪、地沟、明沟，砖检查井按设计图示数量以"座"计算；砖散水、地坪按设计图示尺寸以面积"m²"计算；砖地沟、明沟按设计图示以中心线长度"m"计算。

(4) 砖砌台阶 (不包括梯带) 按水平投影面积以"m²"计算，如图 5-37 所示。

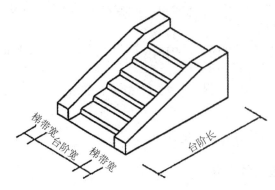

图 5-37　砖砌台阶示意图

(5) 厕所蹲位、水槽腿、灯箱、垃圾箱、台阶挡墙或梯带、花台、花池、地垄墙及支撑地楞木的砖墩，房上烟囱、屋面架空隔热层砖墩及毛石墙的门窗立边、窗台虎头砖等实砌体积，以"m³"计算，套用零星砌体项目，见图 5-38～图 5-43。

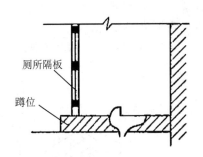

图 5-38　砖砌蹲位示意图

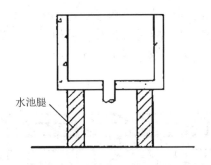

图 5-39　砖砌水池 (槽) 腿示意图

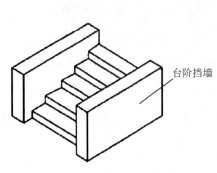

图 5-40　有挡墙台阶示意图

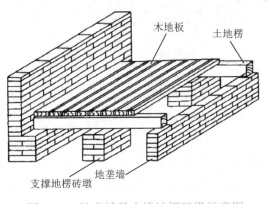

图 5-41　地垄墙及支撑地楞砖墩示意图

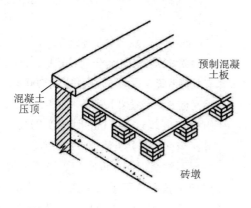

图 5-42　屋面架空隔热层砖墩示意图

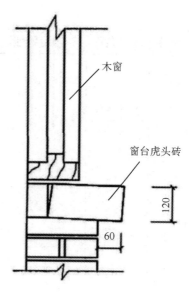

图 5-43　窗台虎头砖示意图

注：石墙的窗台虎头砖单独计算工程量。

二、砌块砌体的计算规则与方法

（一）工程量的计算规则

砌块砌体的工程量清单项目设置、项目特征描述的内容、计量单位及工程量计算规则按表 5-10 的规定执行。

表 5-10　D.2 砌块砌体（编码：010402)

项目编码	项目名称	项目特征	计量单位	工程量计算规则
010402001	砌块墙	(1) 砌块品种、规格、强度等级； (2)墙体类型； (3) 砂浆强度等级	m³	按设计图示尺寸以体积计算。 扣除门窗洞口、过人洞、空圈、嵌入墙内的钢筋混凝土柱、梁、圈梁、挑梁、过梁及凹进墙内的壁龛、管槽、暖气槽、消火栓箱所占体积，不扣除梁头、板头、檩头、垫木、木楞头、沿缘木、木砖、门窗走头、砌块墙内加固钢筋、木筋、铁件、钢管及单个面积 ≤ 0.3 m² 的孔洞所占的体积。凸出墙面的腰线、挑檐、压顶、窗台线、虎头砖、门窗套的体积亦不增加。凸出墙面的砖垛并入墙体体

项目编码	项目名称	项目特征	计量单位	工程量计算规则
			m^3	积内计算。 (1) 墙长度。外墙按中心线、内墙按净长计算； (2) 墙高度。① 外墙：斜（坡）屋面无檐口天棚者算至屋面板底；有屋架且室内外均有天棚者算至屋架下弦底并另加 200 mm；无天棚者算至屋架下弦底并另加 300 mm，出檐宽度超过 600 mm 时按实砌高度计算；与钢筋混凝土楼板隔层者算至板顶；平屋面算至钢筋砼板底。② 内墙：位于屋架下弦者算至屋架下弦底；无屋架者算至天棚底并另加 100 mm；有钢筋砼楼板隔层者算至楼板顶；有框架梁时算至梁底。③ 女儿墙：从屋面板上表面算至女儿墙顶面（如有砼压顶时算至压顶下表面）。④ 内、外山墙：按其平均高度计算。 (3) 框架间墙。不分内外墙按墙体净尺寸以体积计算。 (4) 围墙。高度算至压顶上表面（如有砼压顶时算至压顶下表面），围墙柱并入围墙体积内
010402002	砌块柱	(1) 砖品种、规格、强度； (2) 墙体类型； (3) 砂浆强度		按设计图示尺寸以体积计算。 扣除混凝土及钢筋混凝土梁垫、梁头、板头所占体积

（二）相关说明

(1) 砌块砌体计算公式同实心砖墙，加气混凝土块、硅酸盐块、预制混凝土空心砌块、烧结空心砖，按设计图示尺寸以体积计算，扣除门窗洞口面积和每个空洞面积 $\geqslant 0.3\ m^2$ 所占的体积以及嵌入砌体的柱、梁（包括过梁、圈梁、挑梁）所占的体积。

(2) 砌体内加筋和墙体拉结的制作、安装，应按"混凝土及钢筋混凝土工程"中相关项目编码列项。

(3) 砌块排列应上、下错缝搭砌，如果搭错缝，长度满足不了规定的压搭要求，应采取压砌钢筋网片的措施，具体构造要求按设计规定。若设计无规定时，应注明由投标人根据工程实际情况自行考虑；钢筋网片按"混凝土及钢筋混凝土工程"中的相应编码列项。

(4) 砌块砌体中的工作内容包括了勾缝。

(5) 砌体垂直灰缝宽大于 30 mm 时，采用 C20 细石混凝土灌实。灌注的混凝土应按"混凝土及钢筋混凝土工程"的相关项目编码列项。

三、石砌体的计算规则与方法

（一）工程量的计算规则

石砌体的工程量清单项目设置、项目特征描述的内容、计量单位及工程量计算规则按表 5-11 的规定执行。

表 5-11　D.3 石砌体（编码：010403）

项目编码	项目名称	项目特征	计量单位	工程量计算规则
010403001	石基础	(1) 石料种类规格； (2) 基础类型； (3) 砂浆强度	m³	按设计图示尺寸以体积计算。 包括附墙垛基础宽出部分体积，不扣除基础砂浆防潮层及单个面积 ≤ 0.3 m² 的孔洞所占的体积，靠墙暖气沟的挑檐不增加体积。基础长度：外墙按中心线，内墙按净长计算
010403002	石勒脚			按设计图示尺寸以体积计算，扣除单个面积 >0.3 m² 的孔洞所占的体积
010403003	石墙	(1) 石料种类规格； (2) 石表面加工要求； (3) 勾缝要求； (4) 砂浆强度配合比	m³	按设计图示尺寸以体积计算。 扣除门窗洞口、过人洞、空圈、嵌入墙内的钢筋混凝土柱、梁、圈梁、挑梁、过梁及凹进墙内的壁龛、管槽、暖气槽、消火栓箱所占的体积，不扣除梁头、板头、檩头、垫木、木楞头、沿缘木、木砖、门窗走头、石墙内加固钢筋、木筋、铁件、钢管及单个面积 ≤ 0.3 m² 的孔洞所占的体积。凸出墙面的腰线、挑檐、压顶、窗台线、虎头砖、门窗套的体积亦不增加。凸出墙面的砖垛并入墙体体积内计算。 (1) 墙长度。外墙按中心线计算，内墙按净长计算；

项目编码	项目名称	项目特征	计量单位	工程量计算规则
				(2) 墙高度。① 外墙：斜（坡）屋面无檐口天棚者算至屋面板底；有屋架且室内外均有天棚者算至屋架下弦底并另加 200 mm；无天棚者算至屋架下弦底并另加 300 mm，出檐宽度超过 600 mm 时按实砌高度计算；平屋顶算至钢筋砼板底。② 内墙：位于屋架下弦者算至屋架下弦底；无屋架者算至天棚底另加 100 mm；有钢筋砼楼板隔层者算至楼板顶；有框架梁时算至梁底。③ 女儿墙：从屋面板上表面算至女儿墙顶面（如有砼压顶时算至压顶下表面）。④ 内、外山墙：按其平均高度计算。 (3) 围墙。高度算至压顶上表面（如有混凝土压顶时算至压顶下表面），围墙柱并入围墙体积内
010403004	石挡土墙	(1) 石料种类规格； (2) 石表面加工要求； (3) 勾缝要求； (4) 砂浆强度配合比	m^3	按设计图示尺寸以体积计算
010403005	石柱			
010403006	石栏杆		m	按设计图示以长度计算
010403007	石护坡	(1) 垫层材料种类、厚度； (2) 石料种类、规格； (3) 护坡厚度、高度； (4) 石表面加工要求； (5) 勾缝要求； (6) 砂浆强度、配合比	m^3	按设计图示尺寸以体积计算
010403008	石台阶			
010403009	石坡道		m^2	按设计图示以水平投影面积计算
010403010	石地沟、明沟	(1) 截面尺寸； (2) 土壤类别、运距； (3) 垫层材料种类、厚度； (4) 石料种类、规格； (5) 石表面加工要求； (7) 勾缝要求； (8) 砂浆强度、配合比	m	按设计图示以中心线长度计算

（二）相关说明

(1) 石基础、石墙的计算规则参照砖砌体相应规定。石基础项目适用于各种规格 (粗料石、细料石等)、各种材质 (砂石、青石等) 和各种类型 (柱基、墙基、直形、弧形等) 的基础。图 5-44 所示为毛石基础。

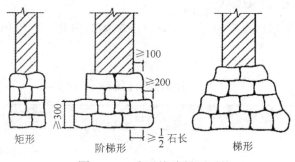

矩形　　　　　　阶梯形　　　　　　梯形

图 5-44　毛石基础断面形状

(2) 石勒脚：按设计图示尺寸以体积 "m³" 计算，扣除单个面积大于 $0.3m^2$ 的孔洞所占的体积。石勒脚项目适用于各种规格 (粗料石、细料石等)、各种材质 (砂石、青石、大理石、花岗石等) 和各种类型 (直形、弧形等) 的勒脚。

(3) 石挡土墙：按设计图示尺寸以体积 "m³" 计算。挡土墙项目适用于各种规格 (粗料石、细料石、块石、毛石、卵石等)、各种材质 (砂石、青石、石灰石等) 和各种类型 (直形、弧形、台阶形等) 的挡土墙。石台阶，按设计图示尺寸以体积 "m³" 计算。石台阶项目包括石梯带 (垂带)，不包括石梯膀，石梯膀应按石挡土墙项目编码列项，如图 5-45 所示。

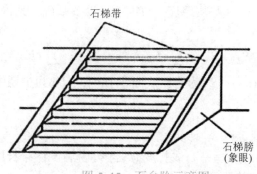

图 5-45　石台阶示意图

(4) 石基础、石勒脚、石墙的划分：基础与勒脚应以设计室外地坪为界，勒脚与墙身应以设计室内地面为界。石围墙内外地坪标高不同时，应以较低地坪标高为界，以下为基础；内外标高之差为挡土墙时，挡土墙以上为墙身。

(5) 石栏杆：按设计图示以长度 "m" 计算。石栏杆项目适用于无雕饰的一般石栏杆。

(6) 石护坡：按设计图示尺寸以体积 "m³" 计算。石护坡项目适用于各种石质和各种石料 (粗料石、细料石、片石、块石、毛石、卵石等)。

四、垫层的计算规则与方法

(一)工程量的计算规则

石砌体的工程量清单项目设置、项目特征描述的内容、计量单位及工程量计算规则按表 5-12 的规定执行。

表 5-12　D.4 垫层（编码：010404)

项目编码	项目名称	项目特征	计量单位	工程量计算规则
010404001	垫层	垫层材料种类、配合比、厚度	m³	按图示尺寸以体积计算

(二)相关说明

垫层是指设于基础以下的结构层，其主要作用是隔水、排水、防冻，以改善基础和土基的工作条件。垫层分为地面垫层和基础垫层。

1. 地面垫层

地面垫层按室内主墙间净面积乘以设计厚度，以"m³"计算。计算时应扣除凸出地面的构筑物、设备基础、室内铁道、地沟以及单个面积在 0.3 m² 以上的孔洞、独立柱等所占的体积；不扣除间壁墙、附墙烟囱、墙垛以及单个面积在 0.3 m² 以内的孔洞等所占的体积，门洞、空圈、暖气壁龛等开口部分也不增加。地面垫层的工程量计算公式为

地面垫层工程量 $=S_{房}\times$ 垫层厚度 - 构筑物、设备基础、地沟、独立柱等体积

其中：

$$S_{房}=S_{底}-\sum (L_{中}\times 外墙厚)-\sum (L_{中}\times 内墙厚) \tag{5-8}$$

式中，$S_{房}$为室内面积 (m²)；$S_{底}$为房屋底面积 (m²)；$L_{中}$为主墙中心线长度 (m)。

2. 基础垫层

基础垫层按下列规定以 m³ 计算。

(1) 条形基础垫层按外墙中心线长度 $(L_{中})$ 与内墙设计净长度 $(L_{净})$ 分别乘以垫层平均断面面积之和计算，其计算公式为

$$基工程量 = \sum (L_{中}\times 垫层断面面积)+\sum (L_{净}\times 垫层断面面积) \tag{5-9}$$

(2) 独立基础垫层和满堂基础垫层按设计图示尺寸乘以平均厚度计算。

本章小结

本章主要介绍了砖砌体、砌块砌体、石砌体和垫层的概念、清单计算规则与方法，针对所涵盖的内容、计算规则与方法给出了相应的案例，加深了对知识点的理解。

思考与练习

一、选择题

1. 内墙下条形砖基础按 ( ) 计算。

A. 中心线   B. 内边线

C. 内墙净长线   D. 基础垫层净长线

2. 计算空斗墙的工程量 ( )。

A. 应按设计图示尺寸以实砌体积计算

B. 应按设计图示尺寸以外形体积计算

C. 应扣除外墙交接处部分

D. 应扣除门窗洞口立边部分

3. 砌筑工程量清单项目中填充墙长度的计算方式为 ( )。

A. 外墙按净长线，内墙按中心线计算

B. 外墙按图示尺寸，内墙按净长线计算

C. 外墙按中心线，内墙按设计尺寸计算

D. 外墙按中心线，内墙按净长线计算

4. 砖砌台阶工程量计算按 ( )。

A. 水平投影面积计算   B. 展开面积计算

C. 实砌体积计算   D. 外形体积计算

5. 计算砖砌体外墙的高度时，对有屋架且室内外均有天棚者 ( )。

A. 算至屋架下弦底面并另加 200 mm

B. 算至屋架下弦底面并另加 300 mm

C. 按照实砌高度计算

D. 按照实砌高度并另加 200 mm

6. 计算砖墙工程量时，不应扣除的项为 ( )。

A. 门窗洞口   B. 圈梁

C. 凹进墙内的壁龛   D. 0.3 平方米以内的孔洞

7. 建筑工程中标准砖的规格是 ( )。

A. 240 mm × 115 mm × 53 mm   B. 240 mm × 115 mm × 90 mm

C. 190 mm × 190 mm × 90 mm   D. 240 mm × 180 mm × 115 mm

8. 下列关于内墙高度的说法错误的是 ( )。

A. 位于屋架下弦者算至屋架下弦底

B. 无屋架者算至天棚底另加 100 mm

C. 有框架梁时算至梁底

D. 有钢筋混凝土楼板者算至楼板底

9. 在计算条形砖基础工程量时，基础大放脚 T 形接头处的重叠部分 ( )。

A. 合并到条形砖基础工程量内   B. 不增加

C. 单独列项计算　　　　　　　　　　　　D. 不扣除

10. 在计算外墙长度时，如遇到偏轴线，以下处理方式正确的是 (　　)。

A. 轴线偏不偏心与计算长度没有关系

B. 将轴线移为中心线计算

C. 按净长线计算

D. 按照轴线长度计算

二、计算题

图 5-46 所示为单层建筑的平面图和剖面图，内外墙均用 M5 砂浆砌筑。假设外墙中圈梁、过梁体积为 1.0 m³，门窗面积为 15.40 m²；内墙中圈梁、过梁体积为 0.4 m³，门窗面积为 1.5 m²，顶棚抹灰厚 10 mm，试计算砖墙砌体的工程量计算。

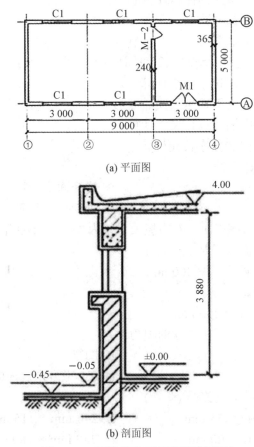

(a) 平面图

(b) 剖面图

图 5-46　某建筑的平面图和剖面图

第六章

混凝土及钢筋混凝土工程

(1) 了解混凝土及钢筋混凝土工程的主要内容。
(2) 掌握混凝土及钢筋混凝土工程的清单计算规则。
(3) 能够运用计算规则完成实际工程项目的计量计价。

本章的知识结构图如图 6-1 所示。

```
                      ┌─ 混凝土及钢筋混凝土        ┌ 混凝土工程的施工技术
                      │   工程的施工技术           └ 钢筋工程的施工技术
 混凝土及钢筋          │
 混凝土工程            │                           ┌ 现浇混凝土基础的计算规则与方法
                      └─ 混凝土及钢筋混凝土工程的主要  ┤ 现浇混凝土梁、板、柱的计算规则与方法
                          内容及清单计算规则与方法    └ 其他构件的计算规则与方法
```

图 6-1 混凝土与钢筋混凝土工程的知识结构图

上海中心建筑高度 632 m，总造价 148 亿元，结构采用了"巨型框架 - 核心筒 - 伸臂桁架钢 - 混凝土"抗侧力混合结构体系，其施工过程中面临大体积混凝土浇筑、超高泵送混凝土等高难度技术问题。

思考：混凝土及钢筋混凝土工程的工程量应如何计算，其造价是多少？

第一节　混凝土及钢筋混凝土工程的施工技术

一、混凝土工程的施工技术

混凝土工程的施工内容包括制备、运输、浇筑及养护，混凝土具有流动性、粘聚性、保水性的性能，其和易性测定通常采用坍落度、维勃稠度试验。一般在便于施工操作和捣固密实的条件下，尽可能采用较小的坍落度，以节约水泥并获得质量较高的混凝土。

混凝土的运输及浇筑过程中严禁加水，在运输过程中散落的混凝土严禁用于主体结构浇筑；同时，混凝土运输、浇筑等施工过程不能超过初凝时间，在不同层间混凝土浇筑时应注意施工缝的处理。

混凝土浇筑前，应清除模板内的杂物，若在干燥环境需洒水湿润，环境高于 35℃ 时应先降温，洒水后不得留下积水。柱、墙混凝土浇筑时，若无可靠措施保证混凝土不发生离析，粗骨料粒径大于 25 mm 的，其自由倾落高度不宜超过 3 m；粗骨料粒径小于等于 25 mm 的，其自由倾落高度不宜超过 6 m。

梁与板宜同时浇筑混凝土。有主次梁时，宜顺次沿梁方向浇筑；单向板宜沿板的长边方向浇筑；拱及高度大于 1 m 的梁可单独浇筑。混凝土浇筑时表面温度不宜大于 25℃，入模温度不宜大于 30℃，最高温度不宜大于 50℃。

大体积混凝土施工可采取的措施：

(1) 采用低热水泥；

(2) 减少水泥用量，提高混凝土强度；

(3) 选用热膨胀系数低的骨料，减小热变形；

(4) 预冷原材料；

(5) 合理分缝、分块，减轻约束；

(6) 在混凝土中埋冷却水管。

二、钢筋工程的施工技术

钢筋作为主要材料，对造价影响较大，钢筋进场时，应按国家相关标准及规定进行检验，其应平直、无损伤且表面不得有裂纹、锈及油污等。

对于抗震有要求的建筑结构，其钢筋性能应满足设计要求，若无详细要求时，其抗

拉强度实测值和屈服强度实测值之比应大于等于 1.25，屈服强度实测值和屈服强度标准值之比应小于等于 1.30，且钢筋最大力下伸长率应大于等于 9%。

钢筋的连接方式有焊接、绑扎搭接、套筒连接和机械连接等。钢筋安装施工内容包括准备工作、柱钢筋绑扎、墙钢筋绑扎、梁板钢筋绑扎。

第二节 混凝土及钢筋混凝土工程的主要内容及清单计算规则与方法

混凝土及钢筋混凝土工程的工程量清单根据"13 规范"附录 E 编制，包括现浇混凝土基础、现浇混凝土柱、现浇混凝土梁、现浇混凝土墙、现浇混凝土板、现浇混凝土楼梯、现浇混凝土其他构件、后浇带、预制混凝土柱、预制混凝土梁、预制混凝土屋架、预制混凝土板、预制混凝土楼梯、其他预制构件、钢筋工程及螺栓、铁件。

现浇混凝土中现浇模板应在措施项目中单列，而预制混凝土除零星构件外，小型构件应按现场预制编制，其余构件则按成品安装编制。现浇混凝土构件应按商品混凝土或现场搅拌混凝土编制。现浇混凝土与预应力混凝土项目中未包含钢筋与预埋铁件的用量，应单独列项。了解混凝土与钢筋混凝土工程的主要内容后需掌握混凝土及钢筋混凝土的计算规则与方法，其计算规则与方法如下。

一、现浇混凝土基础的计算规则与方法

（一）工程量计算规则

垫层 (010501001)、带形基础 (010501002)、独立基础 (010501003)、满堂基础 (010501004)、桩承台基础 (010501005) 及设备基础 (010501006) 按设计图示尺寸以体积 m^3 计算。不扣除构件内钢筋、预埋铁件和伸入承台基础的桩头所占的体积。

（二）相关说明

(1) 有肋带形基础、无肋带形基础应按附录 E 的相关项目列项，并注明肋高。

(2) 箱式满堂基础中柱、梁、墙、板按附录 E.2、E.3、E.4、E.5 的相关项目分别列项，箱式满堂基础底板按 E.1 的满堂基础项目列项。

(3) 框架式设备基础中柱、梁、墙、板分别按附录 E.2、E.3、E.4、E.5 的相关项目列项，基础部分按 E.1 的相关项目列项。

(4) 如为毛石混凝土基础，项目特征应描述毛石所占的比例。

(5) 外墙条形基础垫层长度按外墙条形垫层中心线长度计算，内墙基础垫层长度按内墙条形垫层净长线长度计算。垫层工程量计算式为

$$\text{基础垫层工程量} = \text{垫层长度} \times \text{垫层断面面积} \tag{6-1}$$
$$\text{基础垫层工程量} = \text{垫层的实铺面积} \times \text{垫层厚度} \tag{6-2}$$

(6) 阶梯形独立基础如图 6-2 所示，应分层计算，计算式为

$$V = \sum a \times b \times h \tag{6-3}$$

(7) 四棱锥台形独立基础如图 6-3 所示，计算式为

$$V = \text{长方体体积} + \text{四棱台体积} \tag{6-4}$$

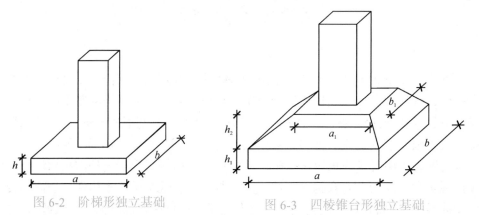

图 6-2　阶梯形独立基础　　　　　　图 6-3　四棱锥台形独立基础

(8) 杯形基础如图 6-4 所示，指的是上部有一个下凹杯口的独立基础，主要用于预制钢筋混凝土柱下的基础，其计算式为

$$V_{\text{杯形基础}} = \text{下部立方体} + \text{中部棱台体} + \text{上部立方体} - \text{杯口空心棱台体} \tag{6-5}$$

(9) 如图 6-5 所示，带形基础又称条形基础，外形呈长条状，断面形状一般有梯形、阶梯形和矩形等，无梁式条形基础如图 6-6 所示，$h:b > 4:1$ 时下部要套用无梁式带形基础，上部套用墙的子目。基础长度外墙基础按外墙中心线，内墙基础按内墙基底净长线。

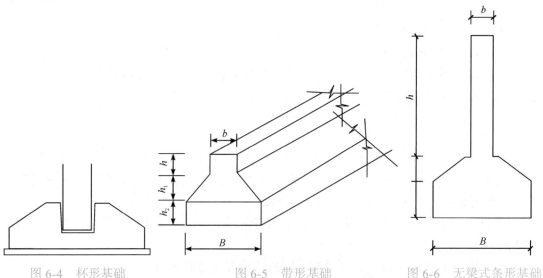

图 6-4　杯形基础　　　　　　图 6-5　带形基础　　　　　　图 6-6　无梁式条形基础

带形基础工程量的计算公式为

$$带形基础体积 = 基础长度 \times 基础断面面积 \tag{6-6}$$

【例6-1】 某现浇混凝土有梁式条形基础，如图6-7、6-8所示，内外墙厚均为240 mm，采用商品混凝土，混凝土强度等级为C25，计算条形基础的工程量，并编制工程量清单。

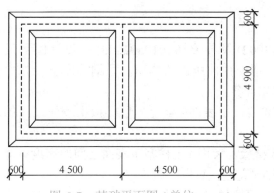

图6-7 基础平面图（单位：mm）

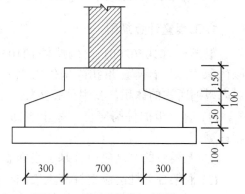

图6-8 基础剖面图（单位：mm）

【分析】 根据《建设工程工程量清单计价规范》(GB 50500—2013)可知：条形基础工程量按设计图示尺寸以体积计算。

【解】 (1) 条形基础体积 = 基础长度 × 基础断面面积

基础断面面积 $= \left[(0.7\ m + 0.3\ m \times 2) \times 0.15\ m \right] + \left[(0.7\ m + 0.7\ m + 0.3\ m \times 2) \times 0.1\ m \times 1/2 \right] + 0.7\ m \times 0.15\ m$

$\qquad = 0.40\ m^2$

外墙基础中心线长度 $= (4.5\ m \times 2 + 4.9\ m) \times 2 = 27.8\ m$

内墙下基础间净长度 $= 4.90\ m - 1.20\ m = 3.70\ m$

T形接头的搭接体积：

$V_1 = 0.3\ m \times 0.7\ m \times 0.15\ m = 0.0315\ m^3$

$V_2 = 0.3\ m \times 0.1\ m \times 1/2 \times 0.7\ m = 0.0105\ m^3$

$V_3 = 2 \times 1/3 \times (0.1\ m \times 0.3\ m \times 1/2) \times 0.3\ m = 0.003\ m^3$

$V_T = V_1 + V_2 + V_3 = 0.045\ m^3$

条形基础工程量 $= 0.4\ m^2 \times (27.8\ m + 3.70\ m) + 0.045\ m^2 \times 2 = 12.69\ m^3$

(2) 分部分项工程量清单如表6-1所示。

表6-1 条形基础分部分项工程量清单

序号	项目编码	项目名称	项目特征	计量单位	工程量
1	010501002001	条形基础	(1) 混凝土种类：商品混凝土； (2) 混凝土强度等级：C25	m³	12.69

二、现浇混凝土梁、板、柱的计算规则与方法

（一）现浇混凝土柱（编码：010502）

1. 工程量计算规则

矩形柱 (010502001)、构造柱 (010502002) 及异形柱 (010502003) 按设计图示尺寸以体积 "m^3" 计算。不扣除构件内钢筋、预埋铁件所占的体积。型钢混凝土柱扣除构件内型钢所占的体积。其中柱高按如下要求计算：

(1) 有梁板的柱高应自柱基上表面 (或楼板上表面) 至上一层楼板上表面之间的高度计算；

(2) 无梁板的柱高应自柱基上表面 (或楼板上表面) 至柱帽下表面之间的高度计算；

(3) 框架柱的柱高应自柱基上表面至柱顶高度计算；

(4) 构造柱按全高计算，嵌接墙体部分 (马牙槎) 并入柱身体积；

(5) 依附柱上的牛腿和升板的柱帽并入柱身体积计算。

2. 相关说明

(1) 混凝土类别指清水混凝土、彩色混凝土等，如在同一地区既使用预拌或商品混凝土、又允许现场搅拌混凝土时，也应注明。

(2) 依附柱上的牛腿和升板的柱帽若为钢牛腿应按金属结构工程中的零星钢构件编码列项。

(3) 框架结构节点处柱梁板混凝土实际是连为一个整体的，但是计算时，柱子自下而上贯通计算全长，不被梁板打断。

(4) 柱混凝土工程量 = 断面面积 × 柱高。

(5) 构造柱的计算公式为

$$V = abH + V_{马牙槎} \tag{6-7}$$

式中，a、b 为柱断面的长、宽；H 为柱高。

$$V_{马牙槎} = 0.03 × 墙厚 × n × H \tag{6-8}$$

式中，n 为马牙槎面数。

（二）现浇混凝土梁（编码：010503）

1. 工程量计算规则

基础梁 (010503001)、矩形梁 (010503002)、异形梁 (010503003)、圈梁 (010503004)、过梁 (010503005)、弧形拱形梁 (010503006) 按设计图示尺寸以体积 "m^3" 计算。不扣除构件内钢筋、预埋铁件所占的体积，伸入墙内的梁头、梁垫并入梁体积内。型钢混凝土梁扣除构件内型钢所占的体积。梁长的确定如下：

(1) 梁与柱连接时，梁长算至柱侧面；

(2) 主梁与次梁连接时，次梁长算至主梁侧面。

2. 相关说明

(1) 基础梁一般用于柱网结构或不宜设墙基的构造部位，可不再设墙基。

(2) 圈梁与过梁连接时，分别套用圈梁、过梁定额，其过梁长度按门、窗洞口外围宽度两端共加 500 mm 计算。

(3) 根据现浇混凝土梁的清单工程量计算规则，梁混凝土体积的计算公式如下：

$$梁混凝土体积 = 梁截面积 × 梁长 \tag{6-9}$$

（三）现浇混凝土板（编码：010505）

1. 工程量计算规则

(1) 有梁板 (010505001)、无梁板 (010505002)、平板 (010505003)、拱板 (010505004)、薄壳板 (010505005) 及栏板 (010505006)：按设计图示尺寸以体积（"m^3"）计算，不扣除构件内钢筋、预埋铁件及单个面积小于等于 $0.3\ m^2$ 的柱、垛以及孔洞所占的体积。压形钢板混凝土楼板扣除构件内压形钢板所占的体积。有梁板 (包括主、次梁与板) 按梁、板体积之和计算，无梁板按板和柱帽体积之和计算，各类板伸入墙内的板头并入板体积内，薄壳板的肋、基梁并入薄壳体积内计算。

(2) 天沟 (檐沟)、挑檐板 (010505007) 和其他板 (010505009)：按设计图示尺寸以体积 "m^3" 计算。

(3) 雨篷、悬挑板、阳台板 (010505008)：按设计图示尺寸以墙外部分体积 (m^3) 计算，包括伸出墙外的牛腿和雨篷反挑檐的体积。

2. 相关说明

(1) 现浇挑檐、天沟板、雨篷、阳台与板 (包括屋面板、楼板) 连接时，以外墙外边线为分界线；与圈梁 (包括其他梁) 连接时，以梁外边线为分界线。外边线以外为挑檐、天沟、雨篷或阳台。

(2) 有梁板与平板的区别如图 6-9 所示，有梁板是指在模板、钢筋安装完毕后，将板与梁同时浇筑成一个整体的结构件，通常有井字形板、肋形板；平板是指既无柱支承

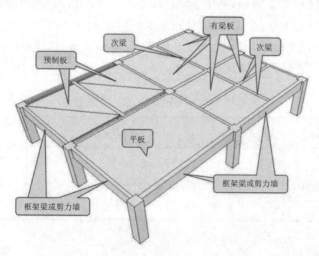

图 6-9　有梁板与平板

又非现浇梁板的结构，而周边直接由墙来支承的现浇钢砼板。

(3) 现浇混凝土板分为有梁板、无梁板和平板，其工程量的计算公式如下：

梁板混凝土工程量 = 长度 × 宽度 × 板厚 + 主梁及次梁体积　　　　　　　　　　(6-10)

现浇无梁板混凝土工程量 = 长度 × 宽度 × 板厚 + 柱帽体积　　　　　　　　　　(6-11)

浇平板混凝土工程量 = 长度 × 宽度 × 板厚　　　　　　　　　　　　　　　　　(6-12)

【例 6-2】　某建设工程现浇混凝土构造柱如图 6-10 所示，构造柱基础上表面标高为 -1.10 m，柱顶标高为 +3.90 m 内外墙厚均为 240 mm，采用商品混凝土，混凝土强度等级为 C30，试计算现浇混凝土构造柱清单的工程量，并编制工程量清单。

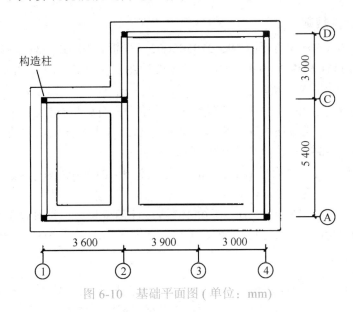

图 6-10　基础平面图 (单位：mm)

【分析】　根据《建设工程工程量清单计价规范》(GB 50500—2013) 可知：构造柱按设计图示尺寸以体积 "m³" 计算。

【解】　(1) 图中共 6 根构造柱，L 形 5 根，T 形 1 根。

L 形：$S = (0.24 \text{ m} \times 0.24 \text{ m}) + (0.24 \text{ m} + 0.24 \text{ m}) \times 0.03 \text{ m} = 0.072 \text{ m}^2$

T 形：$S = (0.24 \text{ m} \times 0.24 \text{ m}) + (0.24 \text{ m} + 2 \times 0.24 \text{ m}) \times 0.03 \text{ m} = 0.0792 \text{ m}^2$

$V = 0.072 \text{ m}^2 \times (3.9 \text{ m} + 1.1 \text{ m}) \times 5 + 0.0792 \text{ m}^2 \times (3.9 \text{ m} + 1.1 \text{ m}) \times 1 = 2.20 \text{ m}^3$

(2) 分部分项工程量清单如表 6-2 所示。

表 6-2　构造柱分部分项工程量清单

序号	项目编码	项目名称	项目特征	计量单位	工程量
1	010502002001	构造柱	(1) 柱高 5.0 m； (2) 混凝土种类：商品混凝土； (3) 混凝土强度等级：C30	m³	2.2

三、其他构件的计算规则与方法

（一）现浇混凝土墙（编码：010504）

1. 工程量计算规则

直形墙 (010504001)、弧形墙 (010504002)、短肢剪力墙 (010504003) 及挡土墙 (010504004) 按设计图示尺寸以体积"m^3"计算。不扣除构件内钢筋、预埋铁件所占的体积，扣除门窗洞口及单个面积大于 $0.3\ m^2$ 的孔洞所占的体积，墙垛及突出墙面部分所占的体积并入墙体体积。

2. 相关说明

(1) 墙肢截面的最大长度与厚度之比小于或等于 6 倍的剪力墙，按短肢剪力墙项目列项。

(2) L、Y、T、十字、Z 形和一字形等短肢剪力墙的单肢中心线长 ≤0.4 m，按柱项目列项。

(3) 短肢剪力墙为截面厚度小于等于 300 mm，各肢截面高与厚度之比大于 4 且小于等于 8 的剪力墙；例如，各肢截面高与厚度之比为 (600+400)/200=5，5 大于 4 且小于 8，所以按短肢剪力墙列项。

（二）现浇混凝土楼梯（编码：010506）

1. 工程量计算规则

直形楼梯 (010506001) 和弧形楼梯 (010506002) 以 m^2 计量时，按设计图示尺寸以水平投影面积计算，不扣除宽度 ≤500 mm 的楼梯井，伸入墙内部分不计算；以 m^3 计量时，按设计图示尺寸以体积计算。

2. 相关说明

如图 6-11 所示，整体楼梯 (包括直形楼梯、弧形楼梯) 的水平投影面积包括休息平

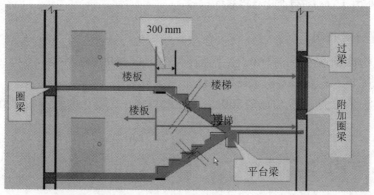

图 6-11 楼梯

台、平台梁、斜梁和楼梯的连接梁。当整体楼梯与现浇楼板无梯梁连接时，以楼梯的最后一个踏步边缘加 300 mm 为界。

（三）现浇混凝土其他构件（编码：010507）

1. 工程量计算规则

(1) 散水、坡道 (010507001)：按设计图示尺寸以面积"m²"计算，不扣除单个小于等于 0.3 m² 的孔洞所占的面积。

(2) 电缆沟、地沟 (010507002)：按设计图示以中心线长"m"计算。

(3) 台阶 (010507003)：以"m²"计量时，按设计图示尺寸水平投影面积计算；以"m³"计量时，按设计图示尺寸以体积计算。

(4) 扶手、压顶 (010507004)：以"m"计量时，按设计图示的延长米计算；以"m³"计量时，按设计图示尺寸以体积计算。

(5) 化粪池底 (010507005)、化粪池壁 (010507006)、化粪池顶 (010507007)、检查井底 (010507008)、检查井壁 (010507009)、检查井顶 (010507010) 及其他构件 (010507011)：按设计图示尺寸以体积"m³"计算，不扣除构件内钢筋、预埋铁件所占的体积。

2. 相关说明

(1) 现浇混凝土小型池槽、垫块及门框等，应按附录 E.7 中的其他构件项目编码列项。

(2) 架空式混凝土台阶按现浇楼梯计算。

(3) 如台阶与平台连接时，其分界线应以最上层踏步外沿加 300 mm 计算。

（四）后浇带（编码：010508）

1. 工程量计算规则

后浇带 (010508001) 按设计图示尺寸以体积"m³"计算。

2. 相关说明

后浇带项目适用于梁、板及墙后浇带，其是为了防止在建筑施工中钢筋混凝土结构出现由于自身收缩不均或不均匀沉降等产生的有害裂缝。

（五）钢筋工程（编码：010515）

1. 工程量计算规则

(1) 现浇构件钢筋 (010515001)、钢筋网片 (010515002) 及钢筋笼 (010515003)：按设计图示钢筋 (网) 长度 (面积) 乘单位理论质量以"t"计算。

(2) 先张法预应力钢筋 (010515004)：按设计图示钢筋长度乘单位理论质量以"t"计算。

(3) 后张法预应力钢筋 (010515005)、预应力钢丝 (010515006) 及预应力钢绞线 (010515007)：按设计图示钢筋 (丝束、绞线) 长度乘单位理论质量以"t"计算，相关要求如下：

① 低合金钢筋两端均采用螺杆锚具时，钢筋长度按孔道长度减 0.35 m 计算，螺杆另行计算。

② 低合金钢筋一端采用镦头插片、另一端采用螺杆锚具时，钢筋长度按孔道长度计算，螺杆另行计算。

③ 低合金钢筋一端采用镦头插片、另一端采用帮条锚具时，钢筋增加 0.15 m 计算；两端均采用帮条锚具时，钢筋长度按孔道长度增加 0.3 m 计算。

④ 低合金钢筋采用后张砼自锚时，钢筋长度按孔道长度增加 0.35 m 计算。

⑤ 低合金钢筋 (钢铰线) 采用 JM、XM、QM 型锚具，孔道长度≤ 20 m 时，钢筋长度增加 1 m 计算；孔道长度 >20 m 时，钢筋长度增加 1.8 m 计算。

⑥ 碳素钢丝采用锥形锚具，孔道长度≤ 20 m 时，钢丝束长度按孔道长度增加 1 m 计算；孔道长度 >20 m 时，钢丝束长度按孔道长度增加 1.8 m 计算。

⑦ 碳素钢丝采用镦头锚具时，钢丝束长度按孔道长度增加 0.35m 计算。

(4) 支撑钢筋 (铁马)(010515008)：按钢筋长度乘单位理论质量以 "t" 计算。

(5) 声测管 (010515009)：按设计图示尺寸质量以 "t" 计算。

2. 相关说明

(1) 现浇构件中伸出构件的锚固钢筋应并入钢筋工程量内。除设计 (包括规范规定) 标明的搭接外，其他施工搭接不计算工程量，在综合单价中综合考虑。

(2) 现浇构件中固定位置的支撑钢筋、双层钢筋用的 "铁马" 在编制工程量清单时，其工程数量可为暂估量，结算时按现场签证数量计算。

(3) 钢筋工程量 = 图示钢筋长度 × 单位理论质量。

(4) 钢筋单位理论重量 =0.006 165×d^2，钢筋每米长度理论质量详见表 6-3。

表 6-3 钢筋每米长度理论质量表

序号	直径 /mm	理论质量 /(kg/m)	序号	直径 /mm	理论质量 /(kg/m)
1	4	0.099	13	14	1.208
2	5.5	0.187	14	15	1.387
3	6	0.222	15	16	1.578
4	6.5	0.26	16	17	1.782
5	7	0.302	17	18	1.998
6	8	0.395	18	19	2.226
7	8.2	0.415	19	20	2.466
8	9	0.499	20	21	2.719
9	10	0.617	21	22	2.984
10	11	0.746	22	23	3.261
11	12	0.888	23	24	3.551
12	13	1.042	24	25	3.853

序号	直径 /mm	理论质量 /(kg/m)	序号	直径 /mm	理论质量 /(kg/m)
25	26	4.168	36	38	8.903
26	27	4.495	37	40	9.865
27	28	4.834	38	42	10.876
28	29	5.185	39	45	12.485
29	30	5.549	40	48	14.205
30	31	5.925	41	50	15.414
31	32	6.313	42	53	17.319
32	33	6.714	43	55	18.65
33	34	7.127	44	56	19.335
34	35	7.553	45	58	20.74
35	36	7.99	46	60	22.195

(5) 纵向钢筋图示长度应考虑混凝土保护层厚度、弯起钢筋增加长度、钢筋弯钩增加长度、钢筋锚固长度及受拉钢筋的搭接长度。弯起钢筋高度 = 构件高度 − 保护层厚度，相关参数表详见《混凝土结构设计规范》及图集。

(6) 箍筋单根长度 = 箍筋的外皮尺寸周长 + 2 × 弯钩增加长度。

(7) 双肢箍单根长度 = 构件周长 − 8 × 混凝土保护层厚度 + 2 × 弯钩增加长度。

(8) 箍筋根数 = 箍筋分布长度 / 箍筋间距 + 1。

(9) 上部通长筋长度 = 跨净长 + 两端支座锚固长度 + 搭接长度；当梁的端支座宽 h_c − 保护层大于等于 l_{aE} 时，锚固长度大于等于 $\max(l_{aE}, 0.5h_c + 5d)$；反之，锚固长度大于等于 $0.4l_{aE} + 15d$。

(10) 端支座负筋长度 = 锚固长度 + 伸出支座长度。

(11) 中间支座负筋长度 = 中间支座宽度 + 左右两边伸出支座的长度。

(12) 架立筋长度 = 每跨净长 − 左右两边伸出支座负筋的长度 + 2 × 搭接长度。

(13) 下部钢筋长度 = 净跨长 + 左锚固长度 + 右锚固长度。

（六）螺栓、铁件（编码：010516）

1. 工程量计算规则

(1) 螺栓 (010516001) 和预埋铁件 (010516002)：按设计图示尺寸质量以"t"计算。

(2) 机械连接 (010516002)：按数量以"个"计算。

2. 相关说明

在工程量清单编制时，工程数量可为暂估量，实际工程量按现场签证数量计算。

【例 6-3】 某建设工程共五层，现浇混凝土楼梯如图 6-12 所示，商品混凝土强度等级为 C25，该楼梯无斜梁，板厚为 120 mm。试编制现浇混凝土楼梯的工程量清单。

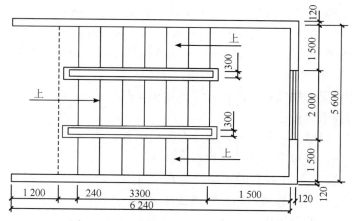

图 6-12　现浇混凝土楼梯 (单位：mm)

【分析】　根据《建设工程工程量清单计价规范》(GB 50500—2013) 可知：现浇混凝土楼梯以 "m²" 计量时，按设计图示尺寸以水平投影面积计算。

【解】　$S = (6.24\text{ m} - 1.20\text{ m} - 0.12\text{ m}) \times (5.60\text{ m} - 0.24\text{ m}) \times (5-1)$

$= 105.48\text{ m}^2$

分部分项工程量清单如表 6-4 所示。

表 6-4　楼梯分部分项工程量清单

序号	项目编码	项目名称	项目特征	计量单位	工程量
1	010506001001	直行楼梯	(1) 混凝土种类：商品混凝土； (2) 强度等级：C25	m²	105.48

本章小结

本章主要介绍钢筋混凝土工程的内容、清单计算规则与方法，针对所涵盖的内容、计算规则与方法给出了相应的案例，加深了对知识点的理解。

思考与练习

一、单项选择题

1. 根据《房屋建筑与装饰工程工程量计算规范》(GB 50854—2013)，关于现浇混凝土柱高的计算，说法正确的是 (　　)。

A. 有梁板的柱高自楼板上表面至上一层楼板下表面之间的高度计算

B. 无梁板的柱高自楼板上表面至上一层楼板下表面之间的高度计算

C. 框架柱的柱高自柱基上表面至柱顶高度减去各层楼板厚的高度计算

D. 构造柱按全高计算

2. 关于构造柱马牙槎，每个马牙槎的宽度一般为 (　　)mm。

A. 25　　　　　　　B. 30　　　　　　　C. 50　　　　　　　D. 60

3. 根据《房屋建筑与装饰工程工程量计算规范》(GB 50854—2013)，现浇混凝土框架柱工程量应 (　　)。

A. 按设计图示尺寸扣除板厚所占部分以体积计算

B. 区别不同截面以长度计算

C. 按设计图示尺寸不扣除梁所占部分以体积计算

D. 按柱基上表面至梁底面部分以体积计算

4. 计算现浇混凝土柱工程量时正确的是 (　　)。

A. 现浇混凝土柱的工程量不扣除预埋铁件体积

B. 构造柱高度计算至梁底

C. 构造柱的马牙槎并入墙体计算

D. 现浇混凝土柱的工程量需要扣除钢筋、预埋铁件体积

二、多项选择题

1. 有框架柱的有梁板的工程量包括 (　　)。

A. 板的体积

B. 板下梁的体积

C. 扣除板内柱头体积

D. 扣除 0.3 m² 以上孔洞所占体积

E. 不扣除 0.3 m² 以上孔洞所占体积

2. 平行双跑楼梯的工程量是由 (　　) 所围合的水平投影面积。

A. 2 个梯段

B. 1 个休息平台

C. 1 个宽度小于 500 mm 的楼梯井

D. 1 个楼梯连接梁

E. 1 个宽度大于 500 mm 的楼梯井

第七章

金属结构、门窗及木结构工程

(1) 了解金属结构、门窗及木结构工程的主要内容。

(2) 掌握金属结构、门窗及木结构工程的清单计算规则。

(3) 能够运用计算规则完成实际工程项目的计量计价。

本章的知识结构图如图 7-1 所示。

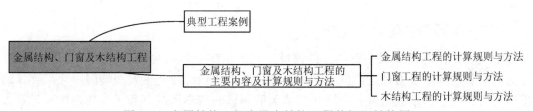

图 7-1　金属结构、门窗及木结构工程的知识结构图

案例导入

位于日本高知县的梼原木桥博物馆是较为典型的现代木结构建筑，建筑师用小部件组成结构体系，其灵感来源于中国和日本传统的悬臂式结构，力求建筑与周边自然景观和谐。结构采用了当地红杉木，整个结构通过 180×300 体量的牛腿堆叠实现，所有结构由底部中心支柱支撑。

思考：建设该类现代木结构工程的工程量怎么计算呢？

第一节 典型工程案例

一、典型金属结构工程项目

（一）国家体育场（鸟巢）

国家体育场"鸟巢"如图 7-2 所示，奥运会后其已成为北京市民参与体育活动并享受体育娱乐的大型专业场所，也是地标性的体育建筑和奥运遗产。场馆由 400 吨自主创新且具有知识产权的国产 Q460 钢材支撑，其顶面呈鞍形，外形结构主要由巨大的门式钢架组成。

图 7-2　国家体育场

（二）中国西部国际博览城

中国西部国际博览城（简称"西博城"）如图 7-3 所示，总建筑面积 57 万 m²，其作为四川省成都市着力打造面向"一带一路"建设和长江经济带发展的国际交流合作的重要平台，位于国家级新区——四川成都天府新区的核心区域。为了让场馆内采光效果更好并最大效率地利用空间，西博城采用大跨度双曲面馆桁架、网架为主的结构，整个场馆中间没有柱子支撑，用钢量与国家体育场相当。该工程先后获得了鲁班奖、中国钢结构金奖、四川省天府杯金奖等 41 项荣誉。

图 7-3　中国西部国际博览城

二、典型木结构工程项目

应县木塔(释迦塔)如图 7-4 所示,是现存最高的木结构楼阁式佛塔,塔高 67.31 m,呈平面八角形。全塔使用红松木料约 3000 m³,其为纯木结构。释迦塔的设计充分运用了古代建筑技术,其结构的稳定性经历过多次考验,曾遭遇多次地震而无碍。

图 7-4　应县木塔

第二节　金属结构、门窗及木结构工程的主要内容及计算规则与方法

一、金属结构工程的计算规则与方法

金属结构工程的工程量清单根据"13 规范"附录 F 编制,包括钢网架、钢屋架、钢托架、钢桁架、钢桥架、钢柱、钢梁、钢板楼板、墙板、钢构件及金属制品。

金属构件的切边、不规则及多边形钢板发生的损耗在综合单价中考虑;防火要求指耐火要求。

（一）钢网架（编码：010601）

1. 工程量计算规则

钢网架 (010601001) 按设计图示尺寸以质量"t"计算。不扣除孔眼的质量，焊条、铆钉及螺栓等不另增加质量。

2. 相关说明

钢网架项目适用于一般钢网架和不锈钢网架，不论何种节点形式和节点连接方式均使用该项目。

（二）钢屋架、钢托架、钢桁架、钢桥架（编码：010602）

1. 工程量计算规则

(1) 钢屋架 (010602001)：以"榀"计量时，按设计图示数量计算；以"t"计量时，按设计图示尺寸以质量计算。不扣除孔眼的质量，焊条、铆钉及螺栓等不另增加质量。

(2) 钢托架 (010602002)、钢桁架 (010602003) 及钢桥架 (010602004)：按设计图示尺寸以质量"t"计算。不扣除孔眼的质量，焊条、铆钉及螺栓等不另增加质量。

2. 相关说明

(1) 螺栓种类指普通螺栓或高强螺栓。

(2) 以"榀"计量，按标准图设计的应注明标准图代号，按非标准图设计的项目特征必须描述单榀屋架的质量。

（三）钢柱（编码：010603）

1. 工程量计算规则

(1) 实腹钢柱 (010603001) 和空腹钢柱 (010603002)：按设计图示尺寸以质量"t"计算。不扣除孔眼的质量，焊条、铆钉及螺栓等不另增加质量，依附在钢柱上的牛腿及悬臂梁等并入钢柱工程量内。

(2) 钢管柱 (010603003)：按设计图示尺寸以质量"t"计算。不扣除孔眼的质量，焊条、铆钉及螺栓等不另增加质量，钢管柱上的节点板、加强环、内衬管、牛腿等并入钢管柱工程量内。

2. 相关说明

(1) 螺栓种类指普通螺栓或高强螺栓。

(2) 实腹钢柱类型指十字、T、L、H 形等，空腹钢柱类型指箱形及格构等。

(3) 型钢混凝土柱浇筑钢筋混凝土，其混凝土和钢筋应按"13 规范"附录 E 混凝土及钢筋混凝土工程中的相关项目编码列项。

（四）钢梁（编码：010604）

1. 工程量计算规则

钢梁 (010604001) 和钢吊车梁 (010604002) 按设计图示尺寸以质量"t"计算。不扣

除孔眼的质量，焊条、铆钉及螺栓等不另增加质量，制动梁、制动板、制动桁架及车挡并入钢吊车梁工程量内。

2. 相关说明

(1) 螺栓种类指普通螺栓或高强螺栓。

(2) 梁类型指 H、L、T 形和箱形及格构式等。

(3) 型钢混凝土梁浇筑钢筋混凝土，其混凝土和钢筋应按"13 规范"附录 E 混凝土及钢筋混凝土工程中的相关项目编码列项。

（五）钢板楼板、墙板（编码：010605）

1. 工程量计算规则

(1) 钢板楼板 (010605001)：按设计图示尺寸以铺设水平投影面积"m²"计算。不扣除单个面积≤ 0.3 m² 的柱、垛及孔洞所占的面积。

(2) 钢板墙板 (010605001)：按设计图示尺寸以铺挂展开面积"m²"计算。不扣除单个面积≤ 0.3 m² 的梁、孔洞所占的面积，包角、包边及窗台泛水等不另加面积。

2. 相关说明

(1) 螺栓种类指普通螺栓或高强螺栓。

(2) 钢板楼板上浇筑钢筋混凝土，其混凝土和钢筋应按"13 规范"附录 E 混凝土及钢筋混凝土工程中的相关项目编码列项。

(3) 压型钢楼板按钢楼板项目编码列项。

（六）钢构件（编码：010606）

1. 工程量计算规则

(1) 钢支撑、钢拉条 (010607001)、钢檩条 (010607002)、钢天窗架 (010607003)、钢挡风架 (010607004)、钢墙架 (010607005)、钢平台 (010607006)、钢走道 (010607007)、钢梯 (010607008)、钢护栏 (010607009)、钢支架 (010607012) 及零星钢构件 (010607013)：按设计图示尺寸以质量"t"计算，不扣除孔眼的质量，焊条、铆钉及螺栓等不另增加质量。

(2) 钢漏斗 (010607010) 和钢板天沟 (010607011)：按设计图示尺寸以质量"t"计算，不扣除孔眼的质量，焊条、铆钉及螺栓等不另增加质量，依附漏斗或天沟的型钢并入漏斗或天沟工程量内。

2. 相关说明

(1) 螺栓种类指普通螺栓或高强螺栓。

(2) 钢墙架项目包括墙架柱、墙架梁和连接杆件。

(3) 钢支撑、钢拉条类型指单式、复式；钢檩条类型指型钢式、格构式；钢漏斗形式指方形、圆形；天沟形式指矩形或半圆形沟。

(4) 加工铁件等小型构件，应按零星钢构件项目编码列项。

（七）金属制品（编码：010607）

1. 工程量计算规则

(1) 成品空调金属百页护栏 (010607001)、成品栅栏 (010607002) 及金属网栏 (010607004)：按设计图示尺寸以框外围展开面积"m²"计算。

(2) 成品雨篷 (010607003)：以"m"计量时，按设计图示接触边以米计算；以"m²"计量时，按设计图示尺寸以展开面积计算。

(3) 砌块墙钢丝网加固 (010607005) 和后浇带金属网 (010607006)：按设计图示尺寸以面积"m²"计算。

2. 相关说明

抹灰钢丝网加固按砌块墙钢丝网加固项目编码列项。

【例 7-1】 某工程项目钢管柱如图 7-5 所示，共 8 根，方形钢板厚度为 8 mm，不规则钢板的厚度为 6 mm，加工厂制作，运输到现场拼装、安装、采用高强螺栓连接、超声波探伤，其耐火极限为二级。根据《建设工程工程量清单计价规范》(GB 50500—2013) 计算该工程钢管柱的清单工程量并编制分部分项工程量清单。

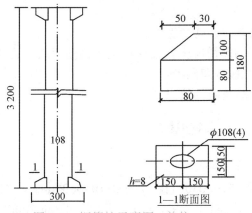

图 7-5 钢管柱示意图（单位：mm)

【分析】 根据《建设工程工程量清单计价规范》(GB 50500—2013) 可知：钢管柱的工程量按设计图示尺寸以质量"t"计算。

【解】 钢管柱工程量 = 方形钢板重量 + 不规则钢板重量 + 钢管重量

钢板重量 = 钢板面积 × 钢板每平方米重量

钢管重量 = 钢管长度 × 钢管每米长重量

查相关表可知：

$$钢板每平方米重量 = 7.85 \text{ g/m}^2 × 钢板厚度$$

$$钢管每米重量 = 10.26 \text{ g/m} × 钢管长度$$

(1) 方形钢板 (δ=8) 重量：

$$7.85 \text{ g/m}^2 × 8 × (0.3 \text{ m} × 0.3 \text{ m}) × 2 = 11.30 \text{ kg}$$

(2) 不规则钢板 (δ=6) 重量：

$$7.85 \text{ g/m}^2 × 6 × (0.08 \text{ m} × 0.08 \text{ m} + \frac{0.03 \text{ m} + 0.08 \text{ m}}{2} × 0.1 \text{ m}) × 8 = 4.48 \text{ kg}$$

(3) 钢管重量：

$$(3.2\ m - 0.016\ m) \times 10.26\ g/m = 32.67\ kg$$

则 8 根钢管柱的质量：

$$(11.30\ kg + 4.48\ kg + 32.67\ kg) \times 8 \div 1000 = 0.388\ t$$

(4) 分部分项工程量清单如表 7-1 所示。

表 7-1　钢管柱分部分项工程量清单

序号	项目编码	项目名称	项目特征	计量单位	工程量
1	010603003001	钢管柱	(1) 钢材品种、规格：方形钢板、不规则钢板，钢板厚度：方形 8 mm，不规则 6 mm； (2) 单根柱质量：48.45 kg； (3) 螺栓种类：高强螺栓； (4) 探伤要求：超声波探伤； (5) 防火要求：耐火极限二级	t	0.388

二、门窗工程的计算规则与方法

门窗工程的工程量清单根据"13 规范"附录 H 编制，包括木门、金属门、金属卷帘 (闸) 门、厂库房大门、特种门、其他门、木窗、金属窗、门窗套、窗台板、窗帘、窗帘盒等。

实际工程项目中，门窗大部分均以成品安装编制项目，计价时其单价包含成品制作及运输费用。

（一）木门（编码：010801）

1. 工程量计算规则

(1) 木质门 (010801001)、木质门带套 (010801002)、木质连窗门 (010801003)、木质防火门 (010801004) 及木门框 (010801005)：以"樘"计量时，按设计图示数量计算；以"m²"计量时，按设计图示洞口尺寸以面积计算。

(2) 门锁安装 (010801006)：按设计图示数量"个 (套)"计算。

2. 相关说明

(1) 木质门应区分镶板木门、企口木板门、实木装饰门、胶合板门、夹板装饰门、木纱门、全玻门及木质半玻门等项目，分别编码列项。

(2) 木门五金应包括折页、插销、门碰珠、弓背拉手、搭机、木螺丝、弹簧折页、管子拉手、地弹簧、角铁及门轧头等。

(3) 木质门带套计量按洞口尺寸以面积计算，不包括门套的面积。

(4) 以"樘"计量时，项目特征必须描述洞口尺寸；以"m²"计量时，项目特征可不描述洞口尺寸。

(5) 单独制作安装木门框按木门框项目编码列项。

（二）金属门（编码：010802）

1. 工程量计算规则

金属（塑钢）门(010802001)、彩板门(010802002)、钢质防火门(010802003)及防盗门(010802004)以"樘"计量时，按设计图示数量计算；以"m²"计量时，按设计图示洞口尺寸以面积计算。

2. 相关说明

(1) 金属门应区分金属平开门、金属推拉门、金属地弹门、全玻门及金属半玻门等项目，分别编码列项。

(2) 铝合金门五金包括地弹簧、门锁、拉手、门插、门铰及螺丝等。

(3) 其他金属门五金包括 L 形执手插锁、执手锁、门轨头、地锁、防盗门机、门眼、门碰珠、电子锁、闭门器及装饰拉手等。

(4) 以"樘"计量时，项目特征必须描述洞口尺寸，没有洞口尺寸必须描述门框或扇外围尺寸；以"m²"计量时，项目特征可不描述洞口尺寸及框和扇的外围尺寸。

(5) 以"m²"计量，无设计图示洞口尺寸，按门框及扇外围以面积计算。

（三）金属卷帘（闸）门（编码：010803）

1. 工程量计算规则

金属卷帘（闸）门(010803001)和防火卷帘（闸）门(010803002)以"樘"计量时，按设计图示数量计算；以"m²"计量时，按设计图示洞口尺寸以面积计算。

2. 相关说明

以"樘"计量时，项目特征必须描述洞口尺寸；以"m²"计量时，项目特征可不描述洞口尺寸。

（四）厂库房大门、特种门（编码：010804）

1. 工程量计算规则

(1) 木板大门(010804001)、钢木大门(010804002)、全钢板大门(010804003)、金属格栅门(010804005)及特种门(010804007)：以"樘"计量时，按设计图示数量计算；以"m²"计量时，按设计图示洞口尺寸以面积计算。

(2) 防护铁丝门(010804004)和钢质花饰大门(010804006)：以"樘"计量时，按设计图示数量计算；以"m²"计量时，按设计图示门框或扇以面积计算。

2. 相关说明

(1) 特种门应区分冷藏门、冷冻间门、保温门、变电室门、隔音门、防射线门、人

防门及金库门等项目，分别编码列项。

(2) 以"樘"计量时，项目特征必须描述洞口尺寸，没有洞口尺寸必须描述门框或扇外围尺寸；以"m²"计量时，项目特征可不描述洞口尺寸及框、扇的外围尺寸。

(3) 以"m²"计量，无设计图示洞口尺寸时按门框、扇外围以面积计算。

（五）其他门（编码：010805）

1. 工程量计算规则

平开电子感应门 (010805001)、旋转门 (010805002)、电子对讲门 (010805003)、电动伸缩门 (010805004)、全玻自由门 (010805005) 及镜面不锈钢饰面门 (010805006) 以"樘"计量时，按设计图示数量计算；以"m²"计量时，按设计图示洞口尺寸以面积计算。

2. 相关说明

(1) 以"樘"计量时，项目特征必须描述洞口尺寸，没有洞口尺寸必须描述门框或扇外围尺寸；以"m²"计量时，项目特征可不描述洞口尺寸及框、扇的外围尺寸。

(2) 以"m²"计量，无设计图示洞口尺寸时按门框、扇外围以面积计算。

（六）木窗（编码：010806）

1. 工程量计算规则

(1) 木质窗 (010806001) 和木质成品窗 (010806004)：以"樘"计量时，按设计图示数量计算；以"m²"计量时，按设计图示洞口尺寸以面积计算。

(2) 木橱窗 (010806002) 和木飘 (凸) 窗 (010806003)：以"樘"计量时，按设计图示数量计算；以"m²"计量时，按设计图示尺寸以框外围展开面积计算。

2. 相关说明

(1) 木质窗应区分木百叶窗、木组合窗、木天窗、木固定窗及木装饰空花窗等项目，分别编码列项。

(2) 以"樘"计量时，项目特征必须描述洞口尺寸，没有洞口尺寸必须描述窗框外围尺寸；以"m²"计量时，项目特征可不描述洞口尺寸及框的外围尺寸。

(3) 以"m²"计量，无设计图示洞口尺寸时按窗框外围以面积计算。

(4) 木橱窗、木飘 (凸) 窗以"樘"计量，项目特征必须描述框截面及外围展开面积。

(5) 木窗五金包括折页、插销、风钩、木螺丝及滑轮滑轨等。

（七）金属窗（编码：010807）

1. 工程量计算规则

(1) 金属 (塑钢、断桥) 窗 (010807001)、金属防火窗 (010807002)、金属百叶窗 (010807003)、金属纱窗 (010807004) 及金属格栅窗 (010807005)：以"樘"计量时，按设计图示数量计算；以"m²"计量时，按设计图示洞口尺寸以面积计算。

(2) 金属 (塑钢、断桥) 橱窗 (010807006) 和金属 (塑钢、断桥) 飘 (凸) 窗 (010807007)：以 "樘" 计量时，按设计图示数量计算；以 "m²" 计量时，按设计图示尺寸以框外围展开面积计算。

(3) 彩板窗 (010807008)：以 "樘" 计量时，按设计图示数量计算；以 "m²" 计量时，按设计图示洞口尺寸或框外围以面积计算。

2. 相关说明

(1) 金属窗应区分金属组合窗、防盗窗等项目，分别编码列项。

(2) 以 "樘" 计量时，项目特征必须描述洞口尺寸，没有洞口尺寸必须描述窗框外围尺寸；以 "m²" 计量时，项目特征可不描述洞口尺寸及框的外围尺寸。

(3) 以 m² 计量，无设计图示洞口尺寸时按窗框外围以面积计算。

(4) 金属橱窗、飘 (凸) 窗以樘计量，项目特征必须描述框外围展开面积。

(5) 金属窗中铝合金窗五金应包括卡锁、滑轮、铰拉、执手、拉把、拉手、风撑、角码等。

（八）门窗套（编码：010808）

1. 工程量计算规则

(1) 木门窗套 (010808001)、木筒子板 (010808002)、饰面夹板筒子板 (010808003)、金属门窗套 (010808004)、石材门窗套 (010808005) 及成品木门窗套 (010808007)：以 "樘" 计量时，按设计图示数量计算；以 "m²" 计量时，按设计图示尺寸以展开面积计算；以 "m" 计量时，按设计图示中心以延长米计算。

(2) 门窗木贴脸 (010808006)：以 "樘" 计量时，按设计图示数量计算；以 "m" 计量时，按设计图示尺寸以延长米计算。

2. 相关说明

(1) 以 "樘" 计量，项目特征必须描述洞口尺寸、门窗套展开宽度。

(2) 以 "m²" 计量，项目特征可不描述洞口尺寸、门窗套展开宽度。

(3) 以 "m" 计量，项目特征必须描述门窗套展开宽度、筒子板及贴脸宽度。

（九）窗台板（编码：010809）

木窗台板 (010809001)、铝塑窗台板 (010809002)、金属窗台板 (010809003) 及石材窗台板 (010809004) 按设计图示尺寸以展开面积 "m²" 计算。

（十）窗帘、窗帘盒、窗帘轨（编码：010810）

1. 工程量计算规则

(1) 窗帘 (杆)(010810001)：以 "m" 计量时，按设计图示尺寸以长度计算；以 "m²" 计量时，按图示尺寸以展开面积计算。

(2) 木窗帘盒 (010810002)、饰面夹板、塑料窗帘盒 (010810003)、 铝合金窗帘盒 (010810004) 及窗帘轨 (010810005)：按设计图示尺寸以长度 "m" 计算。

2. 相关说明

(1) 窗帘若是双层，项目特征必须描述每层材质。

(2) 窗帘以"m"计量，项目特征必须描述窗帘高度和宽。

（十一）常见门窗的类型

(1) 根据制作材料可划分为木门窗，钢门窗、铝合金门窗、塑料（钢）门窗、彩板门窗等。

(2) 门按用途可划分为常用门、门连窗（门）、阁楼门、壁橱门、厂库房大门、防火门、隔音门、冷藏门、射线防护门、变电室门等。

(3) 窗按用途可划分为常用窗、橱窗、门连窗、天窗、屋顶小气窗、百叶窗等。

(4) 门按开启方式可划分为平开门、推拉门、折叠门、自由门、上翻门、转门等。

(5) 窗按开启方式可划分为固定窗、平开窗、上悬窗、中悬窗、下悬窗、推拉窗等。

(6) 门按立面形式可划分为胶合板门、拼板门、镶板门、全玻门、自由门等。

(7) 窗按立面形式可划分为普通单层玻璃窗、双层玻璃窗、一玻一纱木窗、三角形木窗、圆形木窗等。

【**例 7-2**】　已知某工程项目门窗表如表 7-2 所示，建筑平面如图 7-6 所示，试计算该工程项目的门窗工程清单工程量，并编制分部分项工程量清单。

表 7-2　某建筑工程门窗表

门窗编号	洞口尺寸 / (mm × mm)	名称	其他	备注
M1	1200 × 2200	金属平开门	外购成品	
M2	1000 × 2100	拼板木门	采用 3 mm 厚透明平 板玻璃，底油一遍，刮腻子，调和漆两遍	
C1	1000×1500	金属（断桥）窗	一玻一纱；采用 3 mm 厚无色平板玻璃	

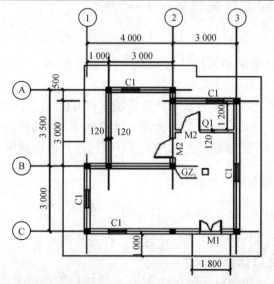

图 7-6　某建筑工程平面图（单位：mm）

【分析】　根据《建设工程工程量清单计价规范》(GB 50500—2013)可知：门、窗工程清单的工程量按设计图示数量或设计图示洞口尺寸面积计算。

【解】　根据平面图可以识读出门窗的数量如下：

M1：$n = 1$ 樘　　M2：$n = 2$ 樘　　C1：$n = 5$ 樘

根据门窗表中门窗洞口的尺寸计算门窗洞口的面积如下：

M1：$S = 1.2 \text{ m} \times 2.2 \text{ m} = 2.64 \text{ m}^2$

M2：$S = 1 \text{ m} \times 2.1 \text{ m} \times 2 = 4.20 \text{ m}^2$

C1：$S = 1 \text{ m} \times 1.5 \text{ m} \times 5 = 7.50 \text{ m}^2$

分部分项工程量清单如表 7-3 所示。

表 7-3　门窗工程的分部分项工程量清单

序号	项目编码	项目名称	项目特征	计量单位	工程量
1	010802001001	金属平开门	(1) 1200 mm × 2200 mm； (2) 门扇为外购成品	m²	2.64
2	010801001001	拼板木门	(1) 1000 mm × 2100 mm； (2) 采用 3 mm 厚无色平板玻璃； (3) 底油一遍，刮腻子，调和漆两遍	m²	4.20
3	010807001001	金属 (断桥) 窗	(1) 1000 mm × 1500 mm； (2) 一玻一纱；采用 3 mm 厚无色平板玻璃	m²	7.50

三、木结构工程的计算规则与方法

木结构工程的工程量清单根据 "13 规范" 附录 G 编制，包括木屋架、木构件及屋面木基层。

依据《四川省建设工程工程量清单计价定额》(2020) 规定，木结构工程中所注明的直径、截面、厚度及长度均以设计尺寸为准。计价时未注明制作和安装的项目，制作和安装的工料均已包括。若设计是仿古木作工程，则应按 "仿古建筑工程" 计算规则执行。

（一）木屋架（编码：010701）

1. 工程量计算规则

(1) 木屋架 (010701001)：以 "榀" 计量时，按设计图示数量计算；以 "m²" 计量时，按设计图示的规格尺寸以体积计算。

(2) 钢木屋架 (010701002)：以 "榀" 计量，按设计图示数量计算。

2. 相关说明

(1) 屋架的跨度应以上、下弦中心线两交点之间的距离计算。

(2) 带气楼的屋架和马尾、折角以及正交部分的半屋架，按相关屋架项目编码列项。

(3) 以"榀"计量，按标准图设计，项目特征必须标注标准图代号。

（二）木构件（编码：010702）

1. 工程量计算规则

(1) 木柱 (010702001) 和木梁 (010702002)：按设计图示尺寸以体积"m³"计算。

(2) 木檩 (010702003) 和其他木构件 (010702005)：以"m³"计量时，按设计图示尺寸以体积计算；以"m"计量时，按设计图示尺寸以长度计算。

(3) 木楼梯 (010702004)：按设计图示尺寸以水平投影面积"m²"计算。不扣除宽度≤300 mm 的楼梯井，伸入墙内部分不计算。

2. 相关说明

(1) 木楼梯的栏杆（栏板）、扶手按"13 规范"附录 O 中的相关项目编码列项。

(2) 以"m"计量，项目特征必须描述构件的规格尺寸。

（三）屋面木基层（编码：010703）

屋面木基层 (010703001) 按设计图示尺寸以斜面积"m²"计算。不扣除房上烟囱、风帽底座、风道、小气窗及斜沟等所占的面积。小气窗的出檐部分不增加面积。

【**例 7-3**】　某厂房屋架设计如图 7-7 所示，共 5 榀，该屋架为普通屋架，材料采用杉木，现场制作，不刨光，拉杆为 $\phi12$ 的圆钢，铁件刷防火涂料 2 遍，其安装高度为 8 m。下弦杆截面尺寸为 150 mm × 180 mm，上弦杆截面尺寸为 100 mm × 120 mm，斜撑截面尺寸为 60 mm × 70 mm，试以"m³"计算木屋架的清单工程量并编制分部分项工程量清单。

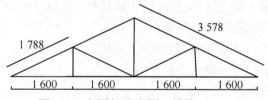

图 7-7　木屋架示意图（单位：mm）

【**分析**】　根据《建设工程工程量清单计价规范》(GB 50500—2013) 可知：木屋架以"榀"计量时，按设计图示数量计算；以"m³"计量时，按设计图示的规格尺寸以体积计算。

【**解**】　(1) 下弦杆体积 = 0.15 m × 0.18 m × 6.4 m × 5 = 0.864 m³。

上弦杆体积 = 0.1 m × 0.12 m × 3.578 m × 2 × 5 = 0.429 m³。

斜撑体积 = 0.06 m × 0.07 m × 1.788 m × 2 × 5 = 0.075 m³。

合计：0.864 + 0.429 + 0.075 = 1.37 m³。

(2) 分部分项工程量清单如表 7-4 所示。

表 7-4　木屋架的分部分项工程量清单

序号	项目编码	项目名称	项目特征	计量单位	工程量
1	010701001001	木屋架	(1) 跨度：6.4 m； (2) 材料品种、规格：杉木普通木屋架； (3) 刨光要求：不刨光； (4) 拉杆要求：直拉杆用圆钢； (5) 刷防火涂料两遍	m³	1.37

本章主要介绍了金属结构、门窗及木结构工程的内容、清单计算规则与方法，针对所涵盖的内容、计算规则与方法给出了相应的案例，加深了对知识点的理解。

思考与练习

一、单项选择题

1. 根据《房屋建筑与装饰工程工程量计算规范》(GB 50854—2013) 的规定，计算空腹钢柱的清单工程量时，所列部件均要计算重量并入钢柱工程量内的是 (　　)。

A. 焊条、铆钉　　　　　　　　　　B. 螺栓、牛腿

C. 悬臂梁、焊条　　　　　　　　　D. 牛腿、悬臂梁

2. 根据《房屋建筑与装饰工程工程量计算规范》(GB 50854—2013) 的规定，有关木结构工程量的计算，说法不正确的是 (　　)。

A. 钢木屋架可以按设计图示的规格尺寸以体积计算

B. 木楼梯按设计图示尺寸以水平投影面积计算，不扣除宽度≤ 300 mm 的楼梯井，伸入墙内部分不计算

C. 木柱按设计图示尺寸以体积计算

D. 木屋架可以按设计图示的规格尺寸以体积计算

3. 根据《房屋建筑与装饰工程工程量计算规范》(GB 50854—2013) 的规定，以"樘"计量的木质门项目特征中必须描述 (　　)。

A. 框外围展开面积　　　　　　　　B. 洞口尺寸

C. 设计数量　　　　　　　　　　　D. 门套的面积

二、多项选择题

1. 根据《房屋建筑与装饰工程工程量计算规范》(GB 50854—2013) 的规定，关于金属结构工程量计算说法正确的是 (　　)。

A. 钢梯按设计图示尺寸以质量计算，不扣除孔眼的质量，焊条、铆钉、螺栓等不另增加质量

B. 钢梁工程量中不计算铆钉、螺栓工程量

C. 成品雨篷按设计图示尺寸以质量计算

D. 钢板天沟按设计图示尺寸以长度计算

E. 钢板楼板按设计图示尺寸以铺设水平投影面积计算

2. 根据《房屋建筑与装饰工程工程量计算规范》(GB 50854—2013) 的规定，门窗工程量的计算说法不正确的是 (　　)。

A. 金属门门锁、拉手按金属门五金一并计算，不单独列项

B. 金属门按设计门框或扇外围图示尺寸以质量计量

C. 防盗门以平方米计量时，项目特征中必须描述洞口尺寸

D. 金属格栅门按设计图示洞口尺寸以面积计算

E. 木质门带套工程量应按套外围面积计算

第八章

屋面及防水、防腐、保温工程

(1) 了解屋面及防水、防腐、保温工程的主要内容。

(2) 掌握屋面及防水、防腐、保温工程的工程量清单计算规则。

(3) 能够运用计算规则完成实际工程项目的计量计价。

本章的知识结构图如图 8-1 所示。

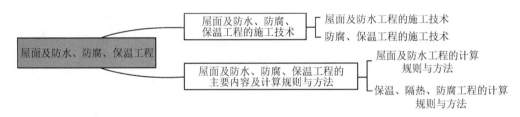

图 8-1 屋面及防水、防腐、保温工程知识结构图

房地产开发商采用公开招标的方式确定了施工单位完成住宅项目的施工，该住宅项目竣工验收交付使用 2 年后，楼顶渗漏严重，建设单位要求施工单位维修并承担相应费用。

思考：屋面及防水、防腐、保温工程的工作内容有哪些？公开招标时屋面及防水、防腐、保温工程的工程量清单怎么计算？

第一节 屋面及防水、防腐、保温工程的施工技术

一、屋面及防水工程的施工技术

防水工程根据防水材料不同可以分为柔性防水 (见图 8-2)、刚性防水 (见图 8-3) 及涂膜防水 (见图 8-4) 等，目前屋面防水工程施工中柔性防水应用较为普遍。

(1) 屋面防水工程施工时，混凝土结构层宜采用结构找坡，其坡度应大于等于 3%，若采用材料找坡，宜采用轻质且吸水率低、有一定强度的材料，其坡度宜为 2%。

(2) 屋面柔性防水施工时，应进行细部构造处理并应从低到高铺设防水材料。同时，卷材铺贴时宜平行于屋脊铺贴，上下层卷材不能相互垂直铺贴。

(3) 地下工程防水混凝土施工时，应保证施工环境干燥，避免带水施工。

(4) 涂膜防水层必须在管道安装施工完毕，管孔填堵密实后，做地面工程前，做一道柔性防水层。且防水层应翻至墙面，做到离地面 150 mm 处，这样才能做到楼层间良好的防渗作用。

图 8-2 柔性防水

图 8-3 刚性防水

图 8-4 涂膜防水

二、防腐、保温工程的施工技术

保温工程施工包括墙体保温和屋面保温等。墙体保温是墙体节能的主要工作，其分为外墙外保温、外墙内保温。屋面保温也是保温工程的必要工序，常用的屋面保温材料有聚苯板、水泥膨胀蛭石板等。

(1) 墙体施工时其基层墙体可能是混凝土或砌体，外墙外保温的施工流程：施工前基层处理—测量—放线—贴翻包网布—粘贴保温材料—打磨、修理—涂抹砂浆底—压入增强布—涂抹聚合物砂浆面层—修整、验收。

(2) 若设计有隔气层，应先进行隔气层施工，再进行保温层施工。

(3) 保温层的施工环境有一定的要求，水泥砂浆类的块状保温材料应在大于等于 5℃ 时施工；现浇泡沫混凝土宜在 5 ～ 35℃ 温度下施工，雨天、雪天及五级风以上的天气应停止施工。

(4) 倒置式屋面基本构造自上而下由保护层、保温层、防水层、找平层、找坡层及结构层组成。屋面坡度不宜小于 3%，保温板材施工时，若坡度不大于 3% 的不上人屋面可采用干铺法。

第二节　屋面及防水、防腐、保温工程的主要内容及计算规则与方法

一、屋面及防水工程的计算规则与方法

屋面及防水工程的工程量清单根据"13 规范"附录 I 编制，包括瓦屋面、型材及其他屋面、屋面防水及其他、墙面防水及防潮、楼 (地) 面防水及防潮。

依据《四川省建设工程工程量清单计价定额》(2020) 规定，在清单计价时，屋面工程未包括砂浆平面、立面找平层、保温层等相关项目的计算。

（一）瓦屋面、型材及其他屋面（编码：010901）

1. 工程量计算规则

(1) 瓦屋面 (010901001) 和型材屋面 (010901002)：按设计图示尺寸以斜面积 "m²" 计算。不扣除房上烟囱、风帽底座、风道、小气窗及斜沟等所占的面积。小气窗的出檐部分不增加面积。

(2) 阳光板屋面 (010901003) 和玻璃钢屋面 (010901003)：按设计图示尺寸以斜面积"m²"计算。不扣除屋面面积≤ 0.3 m² 的孔洞所占的面积。

(3) 膜结构屋面 (010901005)：按设计图示尺寸以需要覆盖的水平投影面积"m²"计算。

2. 相关说明

(1) 瓦屋面，若是在木基层上铺瓦，项目特征不必描述黏结层砂浆的配比，瓦屋面铺防水层，按"13 规范"附录 I.2 屋面防水及其他中的相关项目编码列项。

(2) 型材屋面、阳光板屋面、玻璃钢屋面的柱、梁、屋架，按"13 规范"附录 F 金属结构工程及附录 G 木结构工程中的相关项目编码列项。

(3) 瓦屋面斜面积计算时应按屋面水平投影面积 × 相应的屋面延迟系数计算，屋面坡度系数表如表 8-1 所示。

表 8-1　屋面坡度系数表

坡度 $B(A=1)$	坡度 $B/(2A)$	坡度夹角	延迟系数 $C(A=1)$	偶延迟系数 $D(A=1)$
1	1/2	45°	1.4142	1.7321
0.75	—	36°52′	1.2500	1.6008
0.70	—	35°	1.2207	1.5779
0.666	1/3	33°40′	1.2015	1.5620
0.65	—	33°01′	1.1926	1.5564
0.60	—	30°58′	1.1662	1.5362
0.577	—	30°	1.1547	1.5270
0.55	—	28°49′	1.1413	1.5170
0.50	1/4	26°34′	1.1180	1.5000
0.45	—	24°14′	1.0966	1.4839
0.40	1/5	21°48′	1.0770	1.4697
0.35	—	19°17′	1.0595	1.4569
0.30	—	16°42′	1.0440	1.4457
0.25	—	14°02′	1.0308	1.4362
0.20	1/10	11°19′	1.0198	1.4283
0.15	—	8°32′	1.0112	1.4221
0.125	—	7°08′	1.0078	1.4191

坡度 $B(A=1)$	坡度 $B/(2A)$	坡度夹角	延迟系数 $C(A=1)$	偶延迟系数 $D(A=1)$
0.100	1/20	5°42′	1.0050	1.4177
0.083	—	4°45′	1.0035	1.4166
0.066	1/30	3°49′	1.0022	1.4157

(4) 保温隔热工程项目不包括隔气、防潮保护层或衬墙等。

(5) 保温隔热墙的装饰面层按装饰项目列项。

【例 8-1】　某工程屋面为平瓦屋面，如图 8-5 所示，尺寸为 440 mm × 240 mm，瓦屋面黏结砂浆的配合比为水泥砂浆 1∶2.5(中砂)，试计算其瓦屋面工程量并编制分部分项工程量清单。

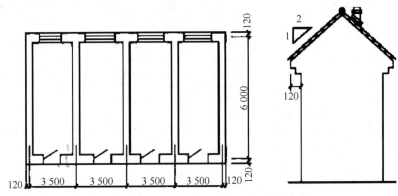

图 8-5　某工程屋面平面图及立面图(单位：mm)

【分析】　根据《建设工程工程量清单计价规范》(GB 50500—2013)可知瓦屋面的工程量应按设计图示尺寸以斜面积"m²"计算。

【解】　(1) $S_{斜面积} = S_{屋面水平投影面积} ×$ 屋面坡度系数

(2) 由立面图可知，屋面坡度为 0.5，查屋面坡度系数表可知，延迟系数为 1.1180。

$$S_{屋面水平投影面积} = (3.5 \text{ m} × 4 + 0.24 \text{ m}) × (6 \text{ m} + 0.24 \text{ m} + 0.12 \text{ m} × 2)$$
$$= 14.24 \text{ m} × 6.48 \text{ m}$$
$$= 92.28 \text{ m}^2$$
$$S_{瓦屋面} = 92.28 \text{ m}^2 × 1.1180 = 103.17 \text{ m}^2$$

(3) 分部分项工程量清单如表 8-2 所示。

表 8-2　瓦屋面的分部分项工程量清单

序号	项目编码	项目名称	项目特征	计量单位	工程量
1	010901001001	平瓦屋面	(1) 瓦品种、规格：440 mm×240 mm 平瓦屋面； (2) 黏结层砂浆的配合比：1∶2.5(中砂)	m²	103.17

（二）屋面防水及其他（编码：010902)

1. 工程量的计算规则

(1) 屋面卷材防水 (010902001) 和屋面涂膜防水 (010902002)：按设计图示尺寸以面积 "m²" 计算。斜屋顶 (不包括平屋顶找坡) 按斜面积计算，平屋顶按水平投影面积计算；不扣除房上烟囱、风帽底座、风道、屋面小气窗及斜沟所占的面积；屋面的女儿墙、伸缩缝及天窗等处的弯起部分并入屋面工程量内。

(2) 屋面刚性层 (010902003)：按设计图示尺寸以面积 "m²" 计算。不扣除房上烟囱、风帽底座及风道等所占面积。

(3) 屋面排水管 (010902004)：按设计图示尺寸以长度 "m" 计算。如设计未标注尺寸，则以檐口至设计室外散水上表面垂直距离计算。

(4) 屋面排 (透) 气管 (010902005) 和屋面变形缝 (010902008)：按设计图示尺寸以长度 "m" 计算。

(5) 屋面 (廊、阳台) 吐水管 (010902006)：按设计图示数量以 "根 (个)" 计算。

(6) 屋面天沟、檐沟 (010902007)：按设计图示尺寸以展开面积 "m²" 计算。

2. 相关说明

(1) 屋面刚性层无钢筋，其钢筋项目特征不必描述。

(2) 屋面找平层按 "13规范" 附录K楼地面装饰工程 "平面砂浆找平层" 的项目编码列项。

(3) 屋面防水搭接及附加层用量不另行计算，应在综合单价中考虑。

(4) 屋面防水刚性层已包含刷素水泥浆的用量。

(5) 如图纸无规定时，伸缩缝、女儿墙的弯起高度按 300 mm 计算，天窗的弯起高度按 500 mm 计算，并入屋面工程量内；檐沟、天沟按展开面积并入屋面工程量内。

(6) 平屋面带女儿墙的屋面防水卷材的面积计算公式为

$$\text{工程量} = S_{\text{底建面}} - S_{\text{女儿墙}} + S_{\text{弯起}} = S_{\text{底}} - S_{\text{女儿墙}} + (L_{\text{外}} - 8 \times b_{\text{女儿墙}}) \times h_{\text{弯起}} \qquad (8\text{-}1)$$

式中：$S_{\text{底建面}}$ 为首层建筑面积；$S_{\text{女儿墙}}$ 为女儿墙水平投影面积；$S_{\text{弯起}}$ 为女儿墙的弯起防水面积；$L_{\text{外}}$ 为外墙外边线；$b_{\text{女儿墙}}$ 为女儿墙厚度；$h_{\text{弯起}}$ 为女儿墙的弯起高度。

挑檐详图如图 8-6 所示。

平屋面带挑檐的屋面防水卷材的面积计算公式为

$$\text{工程量} = S_{\text{底建面}} + S_{\text{挑檐底板上表面防水面积}} + S_{\text{挑檐立板内立面防水面积}} \qquad (8\text{-}2)$$

$$= S_{\text{底建面}} + (L_{\text{外}} + 4 \times b) \times b + (L_{\text{外}} + 8 \times b) \times h_{\text{弯起}}$$

图 8-6　挑檐详图

式 (8-2) 中，$S_{底建面}$ 为首层建筑面积；$S_{挑檐底板上表面防水面积}$ 为挑檐底板上表面防水面积；$S_{挑檐立板内立面防水面积}$ 为挑檐立板内立面防水面积；$L_{外}$ 为外墙外边线；b 为挑檐宽度；$h_{弯起}$ 为挑檐的弯起高度。

（三）墙面防水、防潮（编码：010903）

1. 工程量的计算规则

(1) 墙面卷材防水 (010903001)、墙面涂膜防水 (010903002) 及墙面砂浆防水 (防潮)(010903003)：按设计图示尺寸以面积 "m^2" 计算。

(2) 墙面变形缝 (010903004)：按设计图示以长度 "m" 计算。

2. 相关说明

(1) 墙面防水搭接及附加层用量不另行计算，在综合单价中考虑。

(2) 墙面变形缝若需做双面，工程量应乘以系数 2。

(3) 墙面找平层按 "13 规范" 附录 L 墙、柱面装饰与隔断工程 "立面砂浆找平层" 的项目编码列项。

(4) 墙身防水的计算公式为

$$墙身防水层工程量 = 防水层长 \times 防水层高 \qquad (8\text{-}3)$$

式中，外墙面防水层长度取外墙外边线长，内墙面防水层长度取内墙面净长。

（四）楼（地）面防水、防潮（编码：010904）

1. 工程量的计算规则

(1) 楼 (地) 面卷材防水 (010904001)、楼 (地) 面涂膜防水 (010904002) 及楼 (地) 面砂浆防水 (防潮)(010904003)：按设计图示尺寸以面积 "m^2" 计算。楼 (地) 面防水：按主墙间净空面积计算，应扣除凸出地面的构筑物、设备基础等所占的面积，不扣除间壁墙及单个面积小于等于 0.3 m^2 柱、垛、烟囱和孔洞所占的面积；其中，楼 (地) 面防水反边高度小于等于 300 mm 的算作地面防水，反边高度大于 300 mm 的算作墙面防水。

(2) 楼 (地) 面变形缝 (010904004)：按设计图示以长度 "m" 计算。

2. 相关说明

(1) 楼 (地) 面防水找平层按 "13 规范" 附录 K 楼地面装饰工程 "平面砂浆找平层" 的项目编码列项。

(2) 楼 (地) 面防水搭接及附加层用量不另行计算，在综合单价中考虑。

(3) 地面防水层的计算公式为

$$工程量 = 主墙间净空面积 - 凸出地面的构筑物、设备基础等所占面积 \qquad (8\text{-}4)$$

【例 8-2】 某建筑物外墙中心线尺寸为 50 m×20 m，墙厚为 240 mm，挑檐详图如图 8-7 所示。SBS 改性沥青卷材防水屋面的做法为：加水泥珍珠岩保温层，最薄处为 60 mm，屋面坡度 $i = 1.5\%$，做 20 mm 厚 1：3 水泥砂浆找平层，找平层刷冷底子油一道，加热烤铺，贴 3 mm 厚防水卷材一道，铺聚乙烯丙纶双面复合卷材一道，弯起 300 mm。试计算屋面卷材防水的工程量，并编制其分部分项工程量清单。(标高为 3.5 m)

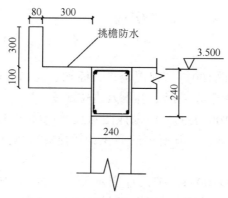

图 8-7　挑檐详图（单位：mm）

【分析】　根据《建设工程工程量清单计价规范》(GB 50500—2013) 可知：屋面卷材防水的工程量按设计图示尺寸以面积"m^2"计算。

【解】　(1) $S = S_底 + (L_外 + 4 \times b) \times b + (L_外 + 8 \times b) \times h_{弯起}$

$S_底 = (50\ m + 0.24\ m) \times (20\ m + 0.24\ m) = 1016.86\ m^2$

$L_外 = [(50\ m + 0.24\ m) + (20\ m + 0.24\ m)] \times 2 = 140.96\ m$

由挑檐详图可知 $b = 0.3\ m$，$h_{弯起} = 0.3\ m$，因此

$S = 1016.86\ m^2 + (140.96\ m + 4 \times 0.3\ m) \times 0.3\ m + (140.96\ m + 8 \times$

$\quad 0.3\ m) \times 0.3\ m$

$\quad = 1016.86\ m^2 + 42.648\ m^2 + 43.008\ m^2$

$\quad = 1102.52\ m^2$

(2) 分部分项工程量清单如表 8-3 所示。

表 8-3　屋面防水卷材的分部分项工程量清单

序号	项目编码	项目名称	项目特征	计量单位	工程量
1	010902001001	屋面卷材防水	(1) 卷材品种、规格、厚度：3 mm SBS 改性沥青卷材； (2) 防水层数：一道； (3) 防水层做法：涂刷基层处理剂；聚乙烯丙纶双面复合卷材一道，上翻 300 mm	m^2	1 102.52

二、保温、隔热、防腐工程的计算规则与方法

保温、隔热、防腐工程工程量清单根据"13 规范"附录 J 编制，包括保温、隔热、防腐面层以及其他防腐。

（一）保温、隔热（编码：011001）

1. 工程量的计算规则

(1) 保温隔热屋面 (011001001) 和保温隔热天棚 (011001002)：按设计图示尺寸以面积 "m^2" 计算，扣除面积大于 0.3 m^2 的孔洞及占位面积。

(2) 保温隔热墙面 (011001003)：按设计图示尺寸以面积 "m^2" 计算，扣除门窗洞口以及面积大于 0.3 m^2 的梁、孔洞所占的面积；门窗洞口侧壁需作保温时，并入保温墙体工程量内。

(3) 保温柱、梁 (011001003)：按设计图示尺寸以面积 "m^2" 计算，柱按设计图示柱断面保温层中心线展开长度×保温层高度以面积计算，扣除面积大于 0.3 m^2 的梁所占的面积；梁按设计图示梁断面保温层中心线展开长度×保温层长度以面积 "m^2" 计算。

(4) 保温隔热楼地面 (011001004)：按设计图示尺寸以面积 "m^2" 计算，扣除面积大于 0.3 m^2 的柱、垛、孔洞所占的面积。

(5) 其他保温隔热 (011001004)：按设计图示尺寸以展开面积计算，扣除面积大于 0.3 "m^2" 的孔洞及占位面积。

2. 相关说明

(1) 保温隔热装饰面层按 "13 规范" 附录 K、L、M、N、O 中的相关项目编码列项。

(2) 仅做找平层按 "13 规范" 附录 K 中 "平面砂浆找平层" 或附录 L 中 "立面砂浆找平层" 的项目编码列项。

(3) 柱帽保温隔热应并入天棚保温隔热工程量内。

(4) 池槽保温隔热应按其他保温隔热项目编码列项。

(5) 保温隔热方式有内保温、外保温、夹心保温。

(6) 定额计算规则中屋面、天棚保温、隔热楼地面工程量按设计图示尺寸以 "m^3" 或 "m^2" 计算，应与清单计算规则区别。

（二）防腐面层（编码：011002）

1. 工程量的计算规则

(1) 防腐混凝土面层 (011002001)、防腐砂浆面层 (011002002)、防腐胶泥面层 (011002003)、玻璃钢防腐面层 (011002004)、聚氯乙烯板面层 (011002005) 及块料防腐面层 (011002006)：按设计图示尺寸以面积 "m^2" 计算。平面防腐：扣除凸出地面的构筑物、设备基础等以及面积大于 0.3 m^2 的孔洞、柱、垛所占的面积；立面防腐：扣除门、窗、洞口以及面积大于 0.3 m^2 的孔洞、梁所占的面积，门、窗、洞口侧壁、垛突出部分按展开面积并入墙面积内。

(2) 池、槽块料防腐面层 (011002007)：按设计图示尺寸以展开面积 "m^2" 计算。

2. 相关说明

防腐踢脚线应按 "13 规范" 附录 K 中 "踢脚线" 的项目编码列项。

（三）其他防腐（编码：011003）

1. 工程量的计算规则

(1) 隔离层 (011003001) 和防腐涂料 (011003003)：按设计图示尺寸以面积"m^2"计算。平面防腐：扣除凸出地面的构筑物、设备基础等以及面积大于 $0.3\ m^2$ 的孔洞、柱、垛所占的面积；立面防腐：扣除门、窗、洞口以及面积大于 $0.3\ m^2$ 的孔洞、梁所占的面积，门、窗、洞口侧壁、垛突出部分按展开面积并入墙面积内。

(2) 砌筑沥青浸渍砖 (011003002)：按设计图示尺寸以体积"m^3"计算。

2. 相关说明

砌筑沥青浸渍砖砌法指平砌和立砌。

本章主要介绍了屋面及防水、防腐、保温工程的内容、清单计算规则与方法，针对所涵盖的内容、计算规则与方法给出了相应的案例，使同学们加深对知识点的理解。

思考与练习

一、单项选择题

1. 根据《房屋建筑与装饰工程工程量计算规范》(GB 50854—2013)，斜屋面的卷材防水工程量应（　　）。

A. 扣除屋面小气窗所占的面积

B. 扣除房上烟囱、风帽底座所占的面积

C. 按设计图示尺寸以斜面积计算

D. 按设计图示尺寸以水平投影面积计算

2. 根据《房屋建筑与装饰工程工程量计算规范》(GB 50854—2013)，下列关于屋面防水工程的计算，说法不正确的是（　　）。

A. 屋面排气管按设计图示数量以根计算

B. 平屋面涂膜防水，工程量不扣除烟囱所占的面积

C. 屋面铁皮天沟按设计图示尺寸以展开面积计算

D. 屋面刚性层按设计图示尺寸以面积计算

3. 根据《房屋建筑与装饰工程工程量计算规范》(GB 50854—2013)，关于保温、隔热工程量的计算，下列说法正确的是（　　）。

A. 与墙相连的柱的保温工程量按柱工程量计算

B. 隔离层立面防腐，门洞口侧壁部分不计算

C. 柱帽保温隔热应并入保温柱工程量内

D. 与天棚相连的梁的保温工程量并入天棚工程量

二、思考题

1. 怎样计算屋面防水卷材的工程量?

2. 怎样确定屋面找坡层的平均厚度?

第九章

脚 手 架 工 程

学习目标

(1) 了解脚手架工程的主要内容。
(2) 掌握脚手架工程的施工技术。
(3) 掌握脚手架工程的清单计算规则。
(4) 能够运用计算规则完成实际工程项目的计量计价。

知识结构图

本章的知识结构图如图 9-1 所示。

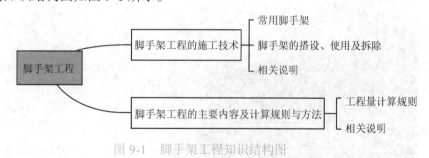

图 9-1　脚手架工程知识结构图

案例导入

2021 年 7 月，安徽某建筑公司 3 号、4 号车间及职工活动中心建设过程中发生了脚手架坍塌的重大安全事故，该事故造成 3 人死亡，直接经济损失 575 万元。事故报告认定，该事故的直接原因为脚手架公司搭设脚手架不规范、部分构件质量未达到标准以及瓦工班长野蛮施工。

思考：脚手架是否为主体工程？其施工技术要求是什么？其工程量如何计算？

第一节 脚手架工程的施工技术

一、常用脚手架

（一）外脚手架

如图 9-2 所示，外脚手架是在建筑物外围搭设的脚手架。落地式外脚手架、挂式脚手架、挑式脚手架、吊式脚手架等，一般均在建筑物外围搭设。外脚手架多用于外墙砌筑、外立面装修以及钢筋混凝土工程。

（二）里脚手架

如图 9-3 所示，里脚手架又称内墙脚手架，是沿室内墙面搭设的脚手架。里脚手架用于内外墙砌筑和室内装修施工，具有用料少，灵活轻便等优点。

图 9-2 外脚手架

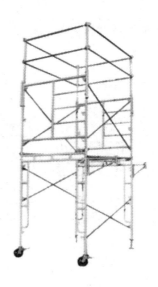

图 9-3 里脚手架

（三）满堂脚手架

如图 9-4 所示，满堂脚手架又称作满堂红脚手架，是一种在水平方向满铺搭设脚手架的施工工艺，多用于施工人员的施工通道等，不能作为建筑结构的支撑体系。

（四）外墙吊篮

如图 9-5 所示，外墙吊篮即高空作业电动吊篮。吊篮是一种能够代替传统钢管架，可减轻劳动强度，提高工作效率，并能重复使用的新型高处作业设备，其在多层建筑物作业时拼装灵活，操作简便，性能先进。

图 9-4 满堂脚手架

图 9-5 外墙吊篮

二、脚手架的搭设、使用及拆除

脚手架的搭设应稳固可靠，其施工及使用应遵循下列原则：

(1) 应符合国家资源节约利用、防灾减灾、环保及应急管理等政策；

(2) 需保障公众的人身财产和公共安全；

(3) 在施工过程中鼓励其技术创新和管理创新。

（一）脚手架的搭设

脚手架如图 9-6 所示，其在施工过程中应按顺序搭设，其中落地脚手架与悬挑脚手架与主体结构工程同步施工，其一次搭设高度应小于等于最上层连墙件 2 步，同时其自有高度应小于等于 4 m。而构件组装类脚手架应从一端向另一端延伸搭设，且应自下而上按步逐层搭设，并应每层改变搭设方向。

剪刀撑与斜撑杆等应随着架体同步搭设，每搭设完成一步距的架体后，应及时校正立杆间距、步距、水平杆的水平度及垂直度。

脚手架连墙件应随作业脚手架同步搭设，当脚手架操作层高于相邻连墙件 2 个步距时，在上一层连墙件安装完毕后应采取临时拉结措施。同样，脚手架安全网与防护栏杆等防护设施应与脚手架架体搭设同步。

图 9-6 脚手架

（二）脚手架的使用

脚手架作业层的使用不得超出设计荷载，严禁在施工过程中在脚手架上固定缆风绳、卸料平台及混凝土泵送管等支撑件，也严禁悬挂起重设备。同时，脚手架使用期间，严禁在脚手架立杆基础下及周围实施挖掘作业。

脚手架在使用过程中应定期进行检查并形成检查记录，主要检查内容如下：

(1) 主要受力构件、剪刀撑等加固构件及连墙件是否缺失、松动或明显变形；

(2) 场地有无积水、立杆底端是否有松动或悬空；

(3) 安全防护设施是否齐全且有效；

(4) 附着式升降脚手架支座是否稳固、防倾、防坠等，同步升降控制装置是否处于良好状态且正常平稳；

(5) 悬挑脚手架的悬挑支撑是否稳固等。

当脚手架承受偶然荷载，遇到 6 级以上强风、大雨及以上降水，冻结地基土解冻，停用超出 1 个月以及架体部分拆除等特殊情况时，应对脚手架进行检查并形成相关记录，在确认安全后方可继续使用。

（三）脚手架的拆除

脚手架拆除前应将作业层上的堆放物清理干净，拆除作业应统一组织并设专人指挥，不得交叉作业。脚手架拆除应自上向下逐层拆除，不得上下同时进行作业，同层构件应先外后内拆除，加固杆件应在拆除至该部位的杆件时拆除。连墙件应与架体同时拆除，当架体悬臂段高超过两步时，应设置临时拉结。

在脚手架拆除时对未拆除部分应采取加固措施，严禁高空抛掷拆除的构配件。

三、相关说明

檐高是指室外设计地坪至檐口的高度。建筑物檐高以室外设计地坪标高作为计算起点。

(1) 平屋顶带挑檐者算至挑檐板下皮标高；

(2) 平屋顶带女儿墙者算至屋顶结构板上皮标高；

(3) 坡屋面或其他曲面屋顶均算至墙的中心线与屋面板交点的高度；

(4) 阶梯式建筑物按高层的建筑物计算檐高；

(5) 突出屋面的水箱间、电梯间、亭台楼阁等均不计算檐高。

第二节　脚手架工程的主要内容及计算规则与方法

脚手架工程的工程量清单根据"13规范"附录 Q 编制，包括综合脚手架、外脚手架、里脚手架、悬空脚手架、挑脚手架、满堂脚手架、整体提升架及外装饰吊篮等。

综合脚手架和单项脚手架已综合考虑了斜道、上料平台及安全网。

一、工程量计算规则

(1) 综合脚手架 (011702001)：按建筑面积以"m^2"计算。

(2) 外脚手架 (011702002)、里脚手架 (011702003)、整体提升架 (011702007) 及外装饰吊篮 (011702008)：按所服务对象的垂直投影面积以"m^2"计算。

(3) 悬空脚手架 (011702004) 和满堂脚手架 (011702006)：按搭设的水平投影面积以"m^2"计算。

(4) 挑脚手架 (011702005)：按搭设长度 × 搭设层数以延长米计算。

二、相关说明

(1) 使用综合脚手架时，不再使用外脚手架等单项脚手架计算脚手架摊销费；综合脚手架适用于能够按"建筑面积计算规则"计算建筑面积的建筑与装饰工程脚手架，不适用于房屋加层、构筑物及附属工程脚手架。

(2) 同一建筑物有不同檐高时，按建筑物竖向切面分别按不同檐高编列清单项目，檐口高度是指檐口滴水高度，平屋顶的檐口高度是指屋面板底高度，凸出屋面的电梯间和水箱间不计算檐口高度。

(3) 整体提升架包括 2 m 高的防护架体设施。

(4) 脚手架材质可以不描述，但应注明由投标人根据工程实际情况按照相关规范自行确定。

(5) 檐口高度大于 50 m 的综合脚手架，外墙脚手架是以附着式外脚手架综合的，实际施工时不作调整。

(6) 地下室外墙防水、保温施工的脚手架包含在综合脚手架内，不另计算；但地下室外墙防水保护墙的砌筑脚手架未包含在综合脚手架内，可根据经批准的方案及实际情况按单项脚手架列项。

(7) 满堂脚手架应按搭设高度、脚手架材质等分别列项，其搭设高度应从设计地坪至施工顶面计算。满堂脚手架高度在 4.5 ~ 5.2 m 时，计算基本层；高于 5.2 m 时，每增加 0.6 ~ 1.2 m，增加一层计算。例如，设计地坪到施工顶面的高度为 10.2 m 时，增加的层数为 $(10.2 - 5.2) \div 1.2 = 4$（层），增加高度小于 0.6 m 时，应舍去。

(8) 外脚手架工程量的计算公式为

$$S_{垂直投影面积} = L_{外} \times 高 \tag{9-1}$$

式中，$L_{外}$ 为外墙外边线。

(9) 里脚手架工程量的计算公式为

$$S_{墙面垂直投影面积} = L_内 \times 内墙净高 \qquad (9\text{-}2)$$

式中，$L_内$ 为内墙净长。

(10) 砌砖工程施工中，高度在 1.35 ～ 3.6 m 以内的，按里脚手架列项计算；高度大于 3.6 m 时，按外脚手架列项计算。独立砖柱的高度小于等于 3.6 m 时，按柱外围周长以实砌高度按里脚手架列项计算；高度在 3.6 m 以上时，按单排脚手架计算，独立混凝土柱则按外脚手架计算。

(11) 宽度大于 3 m 的条形基础及满堂基础等脚手架工程量按底板面积计算。

【例 9-1】　某工程外墙涂刷涂料，该工程建筑外形如图 9-7 所示，墙厚均为 240 mm，室内外高差为 300 mm。脚手架采用落地式钢管脚手架，试求外墙脚手架的工程量并编制工程量清单表。

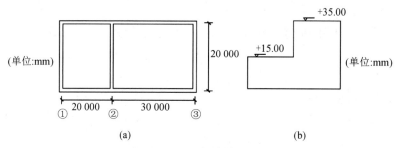

图 9-7　建筑外形

【分析】　根据《建设工程工程量清单计价规范》(GB 50500—2013) 可知：外脚手架按所服务对象的垂直投影面积以"m²"计算。

【解】　檐口高度为：15 m + 0.3 m = 15.3 m；35 m + 0.3 m = 35.3 m。

外脚手架工程量应按不同檐口高度分别计算。

(1) 15.3 m 檐口高度脚手架的工程量为

$$[(20\ m + 0.24\ m) + (20\ m - 0.12\ m + 0.12\ m) \times 2] \times 15.3\ m = 921.67\ m^2$$

(2) 35.3 m 檐口高度脚手架的工程量为

$$[(30\ m + 0.12\ m + 0.12\ m) \times 2 + (20\ m + 0.24\ m)] \times 35.3\ m = 2\ 849.42\ m^2$$

2 轴线高出 18 m 屋面的外墙脚手架的工程量为

$$(20\ m + 0.24\ m) \times (35\ m - 15\ m) = 404.8\ m^2$$

檐口高度为 35.3 m 的外墙脚手架工程量合计为 2 849.42 + 404.8 = 3 254.22 m²

(3) 分部分项工程量清单如表 9-1 所示。

表 9-1　外墙脚手架的分部分项工程量清单

序号	项目编码	项目名称	项目特征	计量单位	工程量
1	011702002001	檐高 15.3 m 的外脚手架	(1) 搭设方式：落地式脚手架； (2) 檐口高度：15.3 m； (3) 脚手架材质：钢管脚手架	m²	921.67
2	011702002002	檐高 35.3 m 的外脚手架	(1) 搭设方式：落地式脚手架； (2) 檐口高度：35.3 m； (3) 脚手架材质；钢管脚手架	m²	3254.22

本章主要介绍了脚手架工程的内容、清单计算规则与方法以及施工技术，针对所涵盖的内容、计算规则与方法给出了相应的案例，使同学们加深对知识点的理解。

思考与练习

一、单项选择题

根据《房屋建筑与装饰工程工程量计算规范》(GB 50854—2013)，下列关于综合脚手架的说法不正确的是 ( )。

A. 用于屋顶加层时，应说明加层高度

B. 项目特征应说明建筑结构形式和檐口高度

C. 同一建筑物有不同的檐高时，分别按不同檐高列项

D. 工程量按建筑面积计算

二、多项选择题

1. 根据《房屋建筑与装饰工程工程量计算规范》(GB 50854—2013)，下列脚手架中，以垂直投影面积计算的有 ( )。

A. 外脚手架   B. 里脚手架   C. 悬空脚手架

D. 综合脚手架   E. 外装饰吊篮

2. 根据《房屋建筑与装饰工程工程量计算规范》(GB 50854—2013)，下列脚手架中，以 "m^2" 为计算单位的有 ( )。

A. 整体提升架   B. 悬空脚手架   C. 外装饰吊篮

D. 挑脚手架   E. 里脚手架

第十章

模板工程

学习目标

(1) 了解模板工程的主要内容。

(2) 掌握模板工程的施工技术。

(3) 掌握模板工程的清单计算规则。

(4) 能够运用计算规则完成实际工程项目的计量计价。

知识结构图

本章的知识结构图如图 10-1 所示。

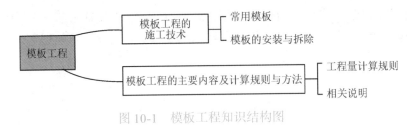

图 10-1　模板工程知识结构图

案例导入

2021 年 3 月 15 日贵州一公租房建设项目发生一起建筑施工事故，造成 4 人死亡，直接经济损失 490.47 万元。经调查，事故的直接原因是劳务单位施工时，工人在裙楼女儿墙模板及支撑体系无有效加固的情况下，浇筑顺序错误，一次性浇筑混凝土高度过高，浇筑到压顶高度，导致模板及支撑体系偏心受力而外倾失稳坍塌。

思考： 模板工程是否主体工程？其施工技术要求是什么？其工程量如何计算？

第一节　模板工程的施工技术

一、常用模板

（一）钢模板

如图 10-2 所示，钢模板是目前使用较普遍的模板，它能多次使用，混凝土浇筑成型美观。但钢模板成本高，除了桥梁等大型工程外，在其他 (如楼房、核电站、水库等) 建筑工地，已用建筑木模板代替。

（二）木胶合板模板

如图 10-3 所示，木胶合板按材种可分为软木胶合板及硬木胶合板。目前大量使用的是素面木胶合板模板，应提倡使用覆膜木胶合板模板。

（三）铝膜板

如图 10-4 所示，铝模板是铝合金制作的建筑模板，其经专用设备挤压后制作而成，

图 10-2　钢模板

图 10-3　木胶合板模板

图 10-4　铝膜板

具有完整的通用配件。铝膜板能组合拼装成外形尺寸复杂的整体模架、装配化及工业化施工的系统模板，解决了传统模板存在的缺陷，提高了施工效率。

二、模板的安装与拆除

在模板工程施工时，应做到安全生产、技术先进及经济合理等；同时应从工程实际出发合理选用材料，方案及措施应满足模板强度、稳定性和刚度等要求，宜优先采用定型化、标准化的模板。

（一）模板的安装

模板安装前，必须做好安全技术准备工作；其安装应根据设计与施工说明书顺序拼装。木杆、门架及钢管等支架立柱不得混用。

竖向模板及支架立柱安装在基础土上时，应加设垫板，垫板需具有足够的强度和支承面积，且中心承载。基土应有排水措施，对于湿陷性黄土、冻胀性土等特殊地质应有防水措施。当满堂、共享空间模板支架立柱高度大于 8 m 时，若地基土壤达不到承载要求，则应先进行地下工程施工，分层回填夯实基土，再浇筑地面混凝土垫层，达到强度后再支模。

模板及其支架在安装时，必须设置有效的防倾覆的临时固定设施；现浇钢筋混凝土梁、板跨度大于 4 m 时，模板应起拱；若设计无具体要求，起拱高度宜为全跨长度的 1/1000 ～ 3/1000。

梁和板的立柱，纵横向间距应相等或成倍数；木立柱底部应设垫木，顶部应设支撑头；钢管立柱底部应设垫木和底座，顶部设可调支托，U 形支托与楞梁两侧间若有间隙，必须楔紧，其螺杆伸出钢管顶部应小于等于 200 mm，螺杆外径与立柱钢管内径的间隙应小于等于 3 mm，安装时应保证上下同心。

当层高为 8 ～ 20 m 时，在最顶步距两水平拉杆中间应加设一道水平拉杆；当层高大于 20 m 时，在最顶两步距水平拉杆中间应分别增加一道水平拉杆。所有水平拉杆的端部均应与四周建筑物顶紧顶牢，无处可顶时，应在水平拉杆端部和中部沿竖向设置连续式剪刀撑。转扣件分别在离杆端大于等于 100 m 处进行固定。

（二）模板的拆除

模板的拆除措施应经技术主管部门或负责人批准，拆除模板的时间应按现行国家标准的有关规定执行。冬期施工的拆模，应符合专项规定。

需提前拆模时，必须经过计算和技术主管确认其强度能够承受此荷载后方可拆除。在承重焊接钢筋骨架作配筋的结构中，承受混凝土重量的模板应在混凝土达到设计强度的 25% 后方可拆除承重模板。大体积混凝土的拆模时间除应满足混凝土强度要求外，还应使混凝土内外温差降低至 25℃ 以下后方可拆模，否则应采取措施防止产生温度裂缝。

模板的拆除工作应设置专人指挥，作业区需设置围栏，不得有其他工种作业。拆下的模板、零配件严禁抛掷，应在指定地点堆放。且拆模的顺序与方法应按模板的设计规定进行，当设计无规定时，可采取先支后拆、后支先拆、先拆非承重模板后拆承重模板、从上而下的顺序进行拆除。高处拆除模板时，应符合高处作业的相关规定，操作层上堆放临时拆下的模板不能超过 3 层。

遇 6 级及以上大风时，需暂停室外的高处作业；雨、雪、霜后应先清扫现场，再进行工作。

第二节　模板工程的主要内容及计算规则与方法

模板工程的工程量清单根据"13 规范"附录 Q.3 编制，包括垫层、基础、柱、梁、墙、短肢剪力墙、电梯井壁、天沟及檐沟、雨篷、悬挑板、阳台板、楼梯、电缆地沟、台阶、扶手、散水、后浇带、化粪池、检查井及其他现浇构件。

现浇混凝土模板是按木模、复合模板以及目前的施工技术和方法编制的。建筑工程中砖砌现浇混凝土构件地胎膜应按零星砌砖项目计算。

支模高度大于等于 8 m 或板厚大于等于 500 mm 的高大支撑体系按高支模列项。根据《2020 四川省建设工程工程量清单计价定额》高支模定额子目应按支模高度大于 8 m 且小于等于 10 m 或板厚大于等于 500 mm 综合考虑编制。支模高度大于 10 m 时，每 1 m 的增加费套用相应定额，不足 1 m 的按 1 m 计算。

模板接触面超过 4 面的异形柱复合模板适用于圆形柱和多边形柱模板。圈梁模板适用叠合梁模板，异形梁模板适用圆形梁模板，直形墙适用电梯井壁模板。

一、工程量计算规则

混凝土模板及支撑的工程量计算有两种方法：一种是以"m³"按混凝土及钢筋混凝土项目计算；另一种是以"m²"按构件与模板的接触面积计算。

(1) 垫层 (011703001)、带形基础 (011703002)、独立基础 (011703003)、满堂基础 (011703004)、设备基础 (011703005)、桩承台基础 (011703006)、矩形柱 (011703007)、构造柱 (011703008)、异形柱 (011703009)、基础梁 (011703010)、矩形梁 (011703011)、异形梁 (011703012)、圈梁 (011703013)、过梁 (011703014)、弧形、拱形梁 (011703015)、直形墙 (011703016)、弧形墙 (011703017)、短肢剪力墙、电梯井壁 (011703018)、有梁板 (011703019)、无梁板 (011703020)、平板 (011703021)、拱板 (011703022)、薄壳板 (011703023)、栏板 (011703024) 及其他板 (011703025)：按模板与现浇混凝土构件的接触面积"m²"计算。

① 现浇钢筋混凝土墙、板单孔面积小于等于 0.3 m² 的孔洞不予扣除，洞侧壁模板亦不增加；单孔面积大于 0.3 m² 时应予扣除，洞侧壁模板面积并入墙、板工程量内计算。

② 现浇框架分别按梁、板、柱的有关规定计算；附墙柱、暗梁、暗柱并入墙内工程量内计算。

③ 柱、梁、墙、板相互连接的重叠部分均不计算模板面积。

④ 构造柱按图示外露部分计算模板面积。

(2) 天沟、檐沟 (011703026) 和雨篷、悬挑板、阳台板 (011703027)：按模板与现浇混凝土构件的接触面积"m²"计算；按图示外挑部分尺寸的水平投影面积"m²"计算，挑出墙外的悬臂梁及板边不另计算。

(3) 直形楼梯 (011703028) 和弧形楼梯 (011703029)：按楼梯的水平投影面积"m²"计算，不扣除宽度小于等于 500 mm 的楼梯井所占的面积，楼梯踏步、踏步板、平台梁等侧面模板不另计算，伸入墙内的部分不增加。

(4) 台阶 (011703032)：按图示台阶水平投影面积"m²"计算，台阶端头两侧不另计算模板面积。架空式混凝土台阶按现浇楼梯计算。

(5) 其他现浇构件 (011703030)、电缆沟、地沟 (011703031)、扶手 (011703033)、散水 (011703034)、后浇带 (011703035)、化粪池底 (011703036)、化粪池壁 (011703037)、化粪池顶 (011703038)、检查井底 (011703039)、检查井壁 (011703040) 及检查井顶 (011703041)：按模板与混凝土的接触面积以"m²"计算。

二、相关说明

(1) 原槽浇灌的混凝土基础、垫层不计算模板。

(2) 以"m³"计量，模板及支撑 (支架) 不再单列，按混凝土及钢筋混凝土实体项目执行，综合单价中应包含模板及支架。

(3) 采用清水模板时，应在特征中注明。

(4) 现浇混凝土构件模板工程量的分界规则与现浇构件工程量的分界规则一致。

(5) 对拉螺栓堵眼增加费应按相应部位构件的模板面积计算。

(6) 高支模支架按梁、板水平投影面积乘以梁、板底支撑高度以"m³"计算。

(7) 基础模板一般只支设立面侧模，顶面和底面均不支设。

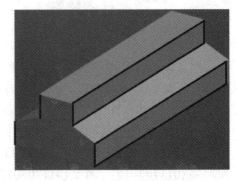

图 10-5　条形基础模板

(8) 如图 10-5 所示，条形基础模板工程量的计算公式为

$$S = 混凝土与模板的接触面积 = 基础支模长度 × 支模高度 \tag{10-1}$$

【例 10-1】　某建设工程框架结构，建筑物某层现浇混凝土及钢筋混凝土柱、梁、

板结构如图 10-6 所示，层高为 3.0 m，其中板厚为 120 mm，梁、板顶标高为 +7.00 m，柱的区域部分为 (+3.00 ～ +7.00 m)，试计算梁、板、柱的模板工程量并编制分部分项工程量清单。

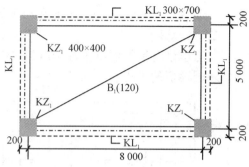

图 10-6 现浇混凝土结构图 (单位：mm)

【分析】 根据《建设工程工程量清单计价规范》(GB 50500—2013) 可知：梁、板、柱的模板工程量按模板与混凝土接触面积计算。

【解】 (1) 柱的模板：

$$4 \times (0.4 \text{ m} \times 4 \text{ m} \times 4 - 0.3 \text{ m} \times 0.7 \text{ m} \times 2 - 0.1 \text{ m} \times 0.12 \text{ m} \times 2) = 23.82 \text{ m}^2$$

(2) 矩形梁的模板：

$$[4.6 \text{ m} \times (0.7 \text{ m} \times 2 + 0.3 \text{ m}) - 4.6 \text{ m} \times 0.12 \text{ m} + 7.6 \text{ m} \times (0.7 \text{ m} \times 2 + 0.3 \text{ m}) - 7.6 \text{ m} \times 0.12 \text{ m}] \times 2 = 38.55 \text{ m}^2$$

(3) 板的模板：

$$(8.4 \text{ m} - 2 \times 0.3 \text{ m}) \times (5.4 \text{ m} - 2 \times 0.3 \text{ m}) - 2 \times 0.1 \text{ m} \times 4 \text{ m} = 36.64 \text{ m}^2$$

(4) 分部分项工程量清单如表 10-1 所示。

表 10-1 混凝土结构模板的分部分项工程量清单

序号	项目编码	项目名称	项目特征	计量单位	工程量
1	011703007001	矩形柱	柱截面尺寸：400 mm × 400 mm	m²	23.82
2	011703011001	矩形梁	梁截面尺寸：300 mm × 700 mm	m²	38.55
3	011703021001	现浇板	板厚：120 mm	m²	36.64

本章小结

本章主要介绍了模板工程的内容、清单计算规则与方法以及施工技术，针对所涵盖的内容、计算规则与方法给出了相应的案例，加深了对知识点的理解。

思考与练习

一、单项选择题

混凝土模板及支架按模板与混凝土构件的接触面积计算，关于接触面积的计算规则，说法正确的是 (   )。

A. 柱、梁、墙、板相互连接的重叠部分，均需要计算模板面积

B. 现浇钢筋混凝土墙小于或等于 0.3 m² 的空洞需扣除

C. 附墙柱、暗梁、暗柱并入墙内工程量内计算

D. 现浇钢筋砼墙、板单孔面积小于等于 0.3 m² 的孔洞应扣除

二、计算题

某工程设有钢筋混凝土柱 10 根，柱下独立基础形式如图 10-7 所示，试计算该工程独立基础模板的工程量。

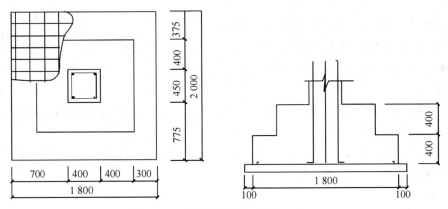

图 10-7　独立基础图（单位：mm)

第十一章

装 饰 工 程

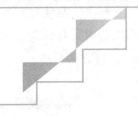

(1) 了解装饰工程的主要内容。

(2) 掌握装饰工程的清单计算规则。

(3) 能够运用计算规则完成实际工程项目的计量计价。

本章的知识结构图如图 11-1 所示。

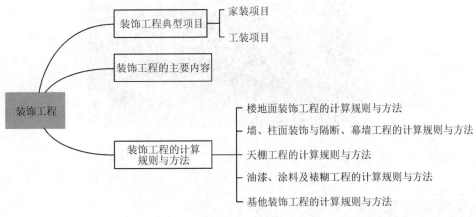

图 11-1 装饰工程知识结构图

成都某新建小区业主李某收房后准备进行装修，李某与某装饰装修公司达成了基装

协议，主材自行购买，进场后装修公司仅让工人拆除了现场玻璃隔断，就天棚抹灰及楼地面找平等项目装修公司通知李某由于交付房屋不符合装修要求，需要增加费用。

　　思考： 天棚抹灰是否包括基层处理的内容？楼地面找平是否需要单独列项？装饰工程的主要内容有哪些，其清单工程量的计算规则是什么？

第一节　装饰工程典型项目

一、家装项目

　　家装是家庭住宅装饰装修的简称，如图 11-2 所示，家装项目通常指室内空间装饰，它从空间设计、美学设计等角度把生活的各种情形"物化"到房间之中进行施工。家装的工期通常为 60 日及以上，家装风格及设计依据规范并结合业主要求进行，其工程量及价格通常按装饰装修公司的内部定额进行计算。

图 11-2　家装效果图

二、工装项目

　　工装通常指有一定规模的公共场所设施的装饰装修工程，如商场、写字楼等。如图 11-3 所示，新世纪环球中心又名成都环球中心是集游艺、展览及购物等于一体的目前亚洲第一大单体建筑。成都环球中心外形独特，以"飞翔的海鸥和起伏的海浪"为造型，其装饰装修造价较高，工程量及价格依据清单计算规范及相关定额规范等计算。

图 11-3 新世纪环球中心

第二节 装饰工程的主要内容

一、楼地面装饰工程

楼地面装饰工程的工程量清单根据"13 规范"附录 K 编制,包括楼地面抹灰、楼地面镶贴、橡塑面层、其他材料面层、踢脚线、楼梯面层、台阶装饰及零星装饰项目。楼梯、台阶侧面镶贴块料面层,小于等于 0.5 m² 的楼地面镶贴块料面层,应按零星装饰项目列项。

整体面层及块料面层楼地面垫层按"13 规范"附录 D 砌筑工程或附录 E 混凝土及钢筋混凝土工程列项。水泥砂浆整体面层及块料面层项目内只包括结合层砂浆,如厚度与定额不同时,按找平层相应"每增减"调整。

二、墙、柱面装饰与隔断、幕墙工程

墙、柱面装饰与隔断、幕墙工程的工程量清单根据"13 规范"附录 L 编制,包括墙面抹灰、柱(梁)面抹灰、零星抹灰、墙面块料面层、柱(梁)面镶贴块料、镶贴零星块料、墙饰面、柱(梁)饰面、幕墙工程及隔断。

柱、梁的抹灰、粘贴块料及饰面等适用于不与墙或天棚相连的独立柱、梁。墙面水泥砂浆分为普通和高级:

(1) 普通抹灰:一遍底层、一遍中层、一遍面层,三遍成活。

(2) 高级抹灰：两遍底层、一遍中层、一遍面层，四遍成活。

一般抹灰和装饰抹灰定额内均不包含基层刷素水泥浆工料，应另按相应项目计算。护角线工料已包括在抹灰定额内，不再另行计算。门窗洞口、空圈侧壁及顶面抹灰已包含在其定额内，不再单独计算。

三、天棚工程

天棚抹灰工程的工程量清单根据"13规范"附录 M 编制，包括天棚抹灰、天棚吊顶、采光天棚及天棚其他装饰。

天棚抹灰定额已包括基层刷水泥 801 胶浆一遍的工料。天棚吊顶中龙骨项目未包含灯具及其他设备等安装所需要的吊挂件，若发生时另行计算。天棚抹灰项目中面层包含检查孔的工料，但未包含各种装饰线条，设计要求时另行计算。另天棚木龙骨未包含刷防火涂料。

四、油漆、涂料、裱糊工程

油漆、涂料、裱糊工程的工程量清单根据"13规范"附录 N 编制，包括门油漆、窗油漆、木扶手及其他板条(线条)油漆、木材面油漆、金属面油漆、抹灰面油漆、喷刷涂料及裱糊。

定额中油漆浅、中、深各色已综合考虑，颜色不同不做调整。定额中的木扶手油漆为不带托板考虑；且线条与所附着的基层同色同油漆者不再单独计算线条油漆。

五、其他装饰工程

其他装饰工程的工程量清单根据"13规范"附录 O 编制，包括柜类货架、压条装饰线、扶手栏杆栏板装饰、暖气罩、浴厕配件、雨篷旗杆、招牌灯箱及美术字。项目内容包含刷油漆的，不单独将油漆分离单独列项，未包含的可单独列项。

定额中雨篷龙骨、基层和面层按天棚工程列项，且木装饰线、石膏装饰线及石材装饰线均按成品安装。

第三节 装饰工程的计算规则与方法

一、楼地面装饰工程的计算规则与方法

（一）楼地面抹灰（编码：011101）

1. 工程量计算规则

(1) 水泥砂浆楼地面 (011101001)、现浇水磨石楼地面 (011101002)、细石混凝土楼地面 (011101003)、菱苦土楼地面 (011101004) 及自流坪楼地面 (011101005)：按设计图示尺寸以面积"m²"计算；扣除凸出地面的构筑物、设备基础、室内管道、地沟等所占的面积，不扣除间壁墙及小于等于 0.3 m² 的柱、垛、附墙烟囱及孔洞所占的面积；门洞、空圈、暖气包槽、壁龛的开口部分不增加面积。

(2) 平面砂浆找平层 (011101006)：按设计图示尺寸以面积"m²"计算。

2. 相关说明

(1) 水泥砂浆面层处理是拉毛还是提浆压光需在面层做法要求中描述。

(2) 平面砂浆找平层仅适用于仅做找平层的平面抹灰。

(3) 间壁墙指墙厚小于等于 120 mm 的墙体。

(4) 在计算楼面时，若室内有楼梯，则需扣除楼梯所占的水平投影面积。

(5) 在计算地面时，若室外有台阶，则需考虑室外台阶平台所占的面积，如图 11-4 所示。

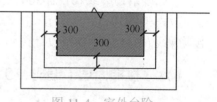

图 11-4 室外台阶

（二）楼地面镶贴（编码：011102）

1. 工程量计算规则

石材楼地面 (011102001)、碎石材楼地面 (011102002) 及块料楼地面 (011102003)：按设计图示尺寸以面积"m²"计算。门洞、空圈、暖气包槽、壁龛的开口部分并入相应的工程量内。

2. 相关说明

(1) 在描述碎石材项目的面层材料特征时可不用描述规格、品牌、颜色。

(2) 石材、块料与黏结材料的结合面刷防渗材料的种类在防护层材料种类中描述。

(3) 工作内容中的磨边指施工现场磨边。

(4) 找平层已计入清单项目综合单价,不再单独列项。

(5) 块料楼地面门洞、空圈、暖气包槽、壁龛的开口部分并入相应的工程量内,与整体面层及找平层工程的计算不同。

(三)橡塑面层(编码:011103)

1. 工程量计算规则

橡胶板楼地面 (011103001)、橡胶板卷材楼地面 (011103002)、塑料板楼地面 (011103003) 及塑料卷材楼地面 (011103004) 按设计图示尺寸以面积"m^2"计算。门洞、空圈、暖气包槽、壁龛的开口部分并入相应的工程量内。

2. 相关说明

橡塑面层工作内容不包含找平层,不计入其综合单价,应另行计算。

(四)其他材料面层(编码:011104)

工程量计算规则:

地毯楼地面 (011104001)、竹木地板 (011104002)、金属复合地板 (011104003) 及防静电活动地板 (011104004) 按设计图示尺寸以面积"m^2"计算。门洞、空圈、暖气包槽、壁龛的开口部分并入相应的工程量内。

(五)踢脚线(编码:011105)

水泥砂浆踢脚线 (011105001)、石材踢脚线 (011105002)、块料踢脚线 (011105003)、塑料板踢脚线 (011105004)、木质踢脚线 (011105005)、金属踢脚线 (011105006) 及防静电踢脚线 (011105007) 按设计图示长度乘高度以面积"m^2"计算或按延长米计算。

(六)楼梯面层(编码:011106)

1. 工程量计算规则

石材楼梯面层 (011106001)、块料楼梯面层 (011106002)、拼碎块料面层 (011106003)、水泥砂浆楼梯面层 (011106004)、现浇水磨石楼梯面层 (011106005)、地毯楼梯面层 (011106006)、木板楼梯面层 (011106007)、橡胶板楼梯面层 (011106008) 及塑料板楼梯面层 (011106009) 按设计图示尺寸以楼梯水平投影面积"m^2"计算。楼梯与楼地面相连时,算至梯口梁内侧边沿;无梯口梁者,算至最上一层踏步边沿并加 300 mm。

2. 相关说明

(1) 在描述碎石材项目的面层材料特征时可不用描述规格、品牌、颜色。

(2) 石材、块料与黏结材料的结合面刷防渗材料的种类在防护层材料种类中描述。

(3) 找平层与防滑条已计入综合单价,不再另行计算。

（七）台阶装饰（编码：011107）

1. 工程量计算规则

石材台阶面（011107001）、块料台阶面（011107002）、拼碎块料台阶面（011107003）、水泥砂浆台阶面（011107004）、现浇水磨石台阶面（011107005）及剁假石台阶面（011107006）按设计图示尺寸以台阶（包括最上层踏步边沿加300 mm）水平投影面积"m²"计算。

2. 相关说明

(1) 在描述碎石材项目的面层材料特征时可以不用描述规格、品牌、颜色。

(2) 石材、块料与黏结材料的结合面刷防渗材料的种类在防护层材料种类中描述。

（八）零星装饰项目（编码：011108）

1. 工程量计算规则

石材零星项目（011108001）、拼碎石材零星项目（011108002）、块料零星项目（011108003）及块料零星项目（011108004）按设计图示尺寸以面积"m²"计算。

2. 相关说明

(1) 楼梯、台阶牵边和侧面镶贴块料面层，小于等于0.5 m²的少量分散的楼地面镶贴块料面层，应按零星装饰项目执行。

(2) 石材、块料与黏结材料的结合面刷防渗材料的种类在防护层材料种类中描述。

【例11-1】 某建设工程首层建筑平面图如图11-5所示，地面及台阶的做法为：70 mm厚C15混凝土垫层、素水泥浆（掺建筑胶）一道、5 mm厚1:2.5水泥砂浆、20 mm厚1:3水泥砂浆、800×800陶瓷地砖面层，石膏嵌缝，无防护打蜡要求。M1尺寸为1500 mm × 2400 mm，M2尺寸为900 mm × 2100 mm，门居中安装，门框宽度忽略不计。试计算楼地面清单工程量并编制分部分项工程量清单。

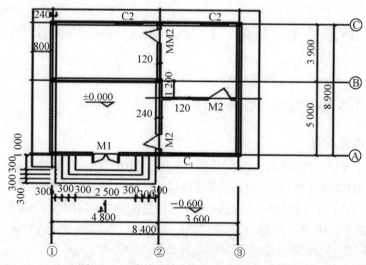

图11-5 建筑首层平面图（单位：mm）

【分析】　根据《建设工程工程量清单计价规范》(GB 50500—2013)可知楼地面工程量按设计图示尺寸以面积"m^2"计算。门洞、空圈、暖气包槽、壁龛的开口部分并入相应的工程量内。

【解】　　$S = S_{水平投影面积} + S_{台阶平台}$

(1) $S_{水平投影面积}$ = 4.8 m × (3.9 m － 0.24 m) + (4.8 m － 0.24 m) × (5 m － 0.24 m) +

(3.6 m － 0.24 m) × (8.9 m － 0.24 m) － [(3.6 m － 0.24 m) + (3.9 m －

0.24 m)] × 0.12 m + (1.5 m + 0.9 m) × 0.24 m + (0.9 m + 0.9 m) × 0.12 m

= 17.568 m^2 + 21.7056 m^2 + 29.0976 m^2 － 0.8424 m^2 + 0.576 m^2 + 0.216 m^2

= 68.3208 m^2

$S_{台阶平台}$ = (2.5 m － 0.3 m × 2) × (1 m － 0.3 m) = 1.33 m^2

S = 68.3208 m^2 + 1.33 m^2 = 69.65 m^2

(2) 分部分项工程量清单如表 11-1 所示。

表 11-1　块料楼地面的分部分项工程量清单

序号	项目编码	项目名称	项目特征	计量单位	工程量
1	011102003001	块料楼地面	(1) 垫层材料种类、厚度：70 mm 厚 C15 混凝土垫层； (2) 找平层厚度、砂浆配合比：5 mm 厚 1∶2.5 水泥砂浆； (3) 结合层厚度、砂浆配合比：20 mm 厚 1∶3 水泥砂浆； (4) 面层材料品种、规格、颜色：800 × 800 陶瓷地砖； (5) 嵌缝材料种类：石膏	m^2	69.65

二、墙、柱面装饰与隔断、幕墙工程的计算规则与方法

（一）墙面抹灰（编码：011201）

1. 工程量计算规则

墙面一般抹灰 (011201001)、墙面装饰抹灰 (011201002)、墙面勾缝 (011201003) 及立面砂浆找平层 (011201004) 按设计图示尺寸以面积"m^2"计算。扣除墙裙、门窗洞口及单个面积大于 0.3 m^2 的孔洞面积，不扣除踢脚线、挂镜线和墙与构件交接处的面积，门窗洞口和孔洞的侧壁及顶面不增加面积。附墙柱、梁、垛、烟囱侧壁并入相应的墙面面积内。

(1) 外墙抹灰面积按外墙垂直投影面积计算。

(2) 外墙裙抹灰面积按其长度乘以高度计算。

(3) 内墙抹灰面积按主墙间的净长乘以高度计算；无墙裙的，高度按室内楼地面至天棚底面计算；有墙裙的，高度按墙裙顶至天棚底面计算。

(4) 内墙裙抹灰面按内墙净长乘以高度计算。

2. 相关说明

(1) 立面砂浆找平项目适用于仅做找平层的立面抹灰，即找平层已包含在墙面抹灰的综合单价中，不再另行计算。

(2) 抹石灰砂浆、水泥砂浆、混合砂浆、聚合物水泥砂浆、麻刀石灰浆及石膏灰浆等按墙面一般抹灰列项，水刷石、斩假石、干粘石及假面砖等按墙面装饰抹灰列项。

(3) 飘窗凸出外墙面增加的抹灰不计算工程量，在综合单价中考虑。

（二）柱（梁）面抹灰（编码：011202）

1. 工程量计算规则

柱、梁面一般抹灰 (011202001)、柱、梁面装饰抹灰 (011202002)、柱、梁面砂浆找平 (011202003) 及柱、梁面勾缝 (011202004)：

(1) 柱面抹灰：按设计图示柱断面周长乘高度以面积"m²"计算；

(2) 梁面抹灰：按设计图示梁断面周长乘长度以面积"m²"计算；

(3) 按设计图示柱断面周长乘高度以面积"m²"计算。

2. 相关说明

(1) 砂浆找平项目适用于仅做找平层的柱 (梁) 面抹灰。

(2) 抹石灰砂浆、水泥砂浆、混合砂浆、聚合物水泥砂浆、麻刀石灰浆及石膏灰浆等按柱 (梁) 面一般抹灰编码列项，水刷石、斩假石、干粘石及假面砖等按柱 (梁) 面装饰抹灰编码列项。

（三）零星抹灰（编码：011203）

1. 工程量计算规则

零星项目一般抹灰 (011203001)、零星项目装饰抹灰 (011203002) 及零星项目砂浆找平 (011203003) 按设计图示尺寸以面积"m²"计算。

2. 相关说明

(1) 抹石灰砂浆、水泥砂浆、混合砂浆、聚合物水泥砂浆、麻刀石灰浆及石膏灰浆等按零星项目一般抹灰编码列项，水刷石、斩假石、干粘石及假面砖等按零星项目装饰抹灰编码列项。

(2) 墙、柱 (梁) 面小于等于 0.5 m² 的少量分散的抹灰按零星抹灰项目编码列项。

（四）墙面块料面层（编码：011204）

1. 工程量计算规则

(1) 石材墙面 (011204001)、拼碎石材墙面 (011204002) 及块料墙面 (011204003)：

按镶贴表面积"m^2"计算。

(2) 干挂石材钢骨架 (011204004)：按设计图示以质量"t"计算。

2. 相关说明

(1) 在描述碎块项目的面层材料特征时可不用描述规格、品牌及颜色。

(2) 石材、块料与黏结材料的结合面刷防渗材料的种类在防护层材料种类中描述。

(3) 安装方式可描述为砂浆或黏结剂粘贴、挂贴及干挂等，不论采用哪种安装方式，都要详细描述与组价相关的内容。

（五）柱（梁）面镶贴块料（编码：011205）

1. 工程量计算规则

石材柱面 (011205001)、块料柱面 (011205002)、拼碎块柱面 (011205003)、石材梁面 (011205004) 及块料梁面 (011205005) 按镶贴表面积"m^2"计算。

2. 相关说明

(1) 在描述碎块项目的面层材料特征时可不用描述规格、品牌及颜色。

(2) 石材、块料与黏结材料的结合面刷防渗材料的种类在防护层材料种类中描述。

(3) 柱梁面干挂石材的钢骨架按墙面块料面层的相应项目列项。

（六）镶贴零星块料（编码：011206）

1. 工程量计算规则

石材零星项目 (011206001)、块料零星项目 (011206002) 及拼碎块零星项目 (011206003) 按镶贴表面积"m^2"计算。

2. 相关说明

(1) 描述碎块项目的面层材料特征时可不用描述规格、品牌及颜色。

(2) 石材、块料与黏结材料的结合面刷防渗材料的种类在防护层材料种类中描述。

(3) 零星项目干挂石材的钢骨架按墙面块料面层的相应项目列项。

(4) 墙柱面小于等于 0.5 m^2 的少量分散的镶贴块料面层应按零星项目执行。

（七）墙饰面（编码：011207）

1. 工程量计算规则

墙面装饰板 (011207001) 按设计图示墙净长乘净高以面积"m^2"计算。扣除门窗洞口及单个面积大于 0.3 m^2 的孔洞所占的面积。

2. 相关说明

基层材料即在龙骨上粘贴或铺钉一层加强层底板，已在综合单价中考虑。

（八）柱（梁）饰面（编码：011208）

1. 工程量计算规则

柱（梁）面装饰（011208001）按设计图示饰面外围尺寸以面积"m²"计算。柱帽、柱墩并入相应柱饰面工程量内。

2. 相关说明

柱（梁）饰面的外围尺寸即为饰面的表面尺寸。

（九）幕墙工程（编码：011209）

1. 工程量计算规则

(1) 带骨架幕墙（011209001）：按设计图示框外围尺寸以面积"m²"计算；与幕墙同种材质的窗所占的面积不扣除。

(2) 全玻（无框玻璃）幕墙（011209002）：按设计图示尺寸以面积"m²"计算；带肋全玻幕墙按展开面积计算。

2. 相关说明

(1) 幕墙钢骨架应按干挂石材钢骨列项。

(2) 幕墙同种材料的窗应并入幕墙工程量，已包含在综合单价中，不再另行列项。

（十）隔断（编码：011210）

1. 工程量计算规则

(1) 木隔断（011210001）和金属隔断（011210002）：按设计图示框外围尺寸以面积"m²"计算。不扣除单个面积小于等于 0.3 m² 的孔洞所占的面积，浴厕门的材质与隔断相同时，门的面积并入隔断面积内。

(2) 玻璃隔断（011210003）、塑料隔断（011210004）及其他隔断（011210006）：按设计图示框外围尺寸以面积"m²"计算。不扣除单个面积小于等于 0.3 m² 的孔洞所占的面积。

(3) 成品隔断（011210005）：按设计图示框外围尺寸以面积"m²"计算，或按设计间的数量以间计算。

2. 相关说明

如果浴厕门的材质与隔断相同，则工程量并入隔断面积内，不再另行列项。

【例 11-2】 某建设工程如图 11-6 和图 11-7 所示，图中 C1 为 800 × 1500，M1 为 900×2200。所有门均居开启方向墙的内皮安装，窗均居墙中安装，门窗框厚度不考虑。外砖墙面做法为：10 mm 厚 1：3 水泥砂浆打底，6 mm 厚 1：2.5 水泥砂浆找平，4 mm 厚聚合物水泥砂浆黏结层，粘贴 6 mm 厚 450 × 600 面砖，1：1 聚合物水泥砂浆勾缝，窗台与外墙做法一致。试计算外墙装饰清单工程量并编制分部分项工程量清单。

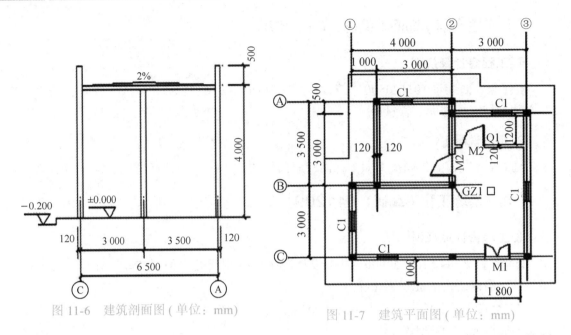

图 11-6　建筑剖面图（单位：mm）

图 11-7　建筑平面图（单位：mm）

【分析】　根据《建设工程工程量清单计价规范》(GB 50500—2013) 可知：块料墙面按镶贴表面积计算。

【解】　(1) 工程量 = (7 m + 0.24 m + 6.5 m + 0.24 m) × 2 × (4 m + 0.6 m + 0.2 m) −
(0.8 m × 1.5 m × 5 + 0.9 m × 2.2 m + 1.8 m × 0.2 m) + 0.24 m ×
(2.2 m × 2 + 0.9 m) + (0.8 m + 1.5 m) × 2 × 0.12 m × 5
= 134.208 m² − 8.34 m² + 1.272 m² + 2.76 m²
= 129.90 m²

(2) 分部分项工程量清单如表 11-2 所示。

表 11-2　块料墙面的分部分项工程量清单

序号	项目编码	项目名称	项目特征	计量单位	工程量
1	011204003001	块料墙面	(1) 墙体类型：外墙； (2) 安装方式：10 mm 厚 1∶3 水泥砂浆打底，6 mm 厚 1∶2.5 水泥砂浆找平，4 mm 厚聚合物水泥砂浆黏结层； (3) 面层材料品种、规格、颜色：6 mm 厚 450 × 600 面砖； (4) 缝宽、嵌缝材料种类：1∶1 聚合物水泥砂浆勾缝	m²	129.90

三、天棚工程的计算规则与方法

（一）天棚抹灰（编码：011301）

1. 工程量计算规则

天棚抹灰（011301001）按设计图示尺寸以水平投影面积"m²"计算。不扣除间壁墙、垛、柱、附墙烟囱、检查口和管道所占的面积，带梁天棚、梁两侧抹灰面积并入天棚面积内，板式楼梯底面抹灰按斜面积计算，锯齿形楼梯底板抹灰按展开面积计算。

2. 相关说明

(1) 天棚抹灰的项目特征包含基层类型、抹灰厚度、材料种类及砂浆配合比，基层类型通常指混凝土现浇板及木板条等。

(2) 挑檐底面抹灰计入天棚抹灰中，公式如下：

$$S_{挑檐底} = 挑檐中心线 \times 挑檐宽 \tag{11-1}$$

（二）天棚吊顶（编码：011302）

1. 工程量计算规则

(1) 吊顶天棚（011302001）：按设计图示尺寸以水平投影面积"m²"计算。天棚面中的灯槽及跌级、锯齿形、吊挂式、藻井式天棚的面积不展开计算。不扣除间壁墙、检查口、附墙烟囱、柱垛和管道所占的面积，扣除单个面积大于 0.3 m² 的孔洞、独立柱及与天棚相连的窗帘盒所占的面积。

(2) 格栅吊顶（011302002）、吊筒吊顶（011302003）、藤条造型悬挂吊顶（011302004）、织物软雕吊顶（011302005）及网架（装饰）吊顶（011302006）：按设计图示尺寸以水平投影面积"m²"计算。

2. 相关说明

(1) 天棚的检查口应在综合单价中考虑，但灯槽、送风口及回风口应单独计算工程量。

(2) 天棚面中的灯槽及跌级、锯齿形、吊挂式、藻井式天棚的面积不展开计算，按水平投影面积"m²"计算。

(3) 天棚吊顶与天棚抹灰计算规则的区别在于天棚抹灰不扣除独立柱所占的面积，而天棚吊顶要扣除。

(4) 天棚吊顶龙骨应在综合单价中考虑，不再另行列项。

（三）采光天棚工程（编码：011303）

工程量计算规则：

采光天棚（011303001）按框外围展开面积"m²"计算。

（四）天棚其他装饰（编码：011304）

1. 工程量计算规则

(1) 灯带（槽）(011304001)：按设计图示尺寸以框外围面积"m²"计算。

(2) 送风口、回风口 (011304002)：按设计图示数量以"个"计算。

2. 相关说明

送风口与回风口无论所占面积为多少均按个数以"个"计算。

【例 11-3】 某建设工程建筑图如图 11-8、图 11-9 所示，天棚和挑檐底面做法为：素水泥浆一道、5 mm 厚 1∶0.3∶3 水泥石灰砂浆打底、5 mm 厚 1∶0.3∶2.5 水泥石灰砂浆抹面。试计算天棚抹灰清单工程量，并编制工程量清单。

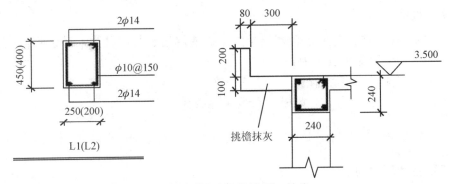

图 11-8 工程圈梁及挑檐详图（单位：mm）

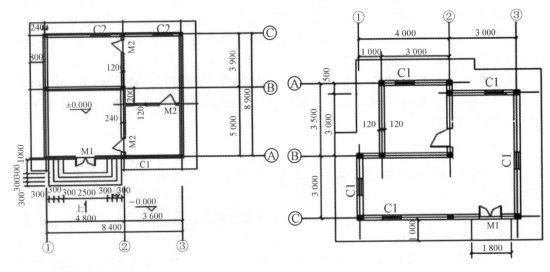

图 11-9 建筑及结构平面图（单位：mm）

【分析】 根据《建设工程工程量清单计价规范》(GB 50500—2013) 可知按设计图示尺寸以水平投影面积"m²"计算。不扣除间壁墙、垛、柱、附墙烟囱、检查口和管道所占的面积，带梁天棚、梁两侧抹灰面积并入天棚面积内，板式楼梯底面抹灰按斜面积计算，锯齿形楼梯底板抹灰按展开面积计算。

【解】 (1) 抹灰工程量 $= S_{水平投影} + S_{梁两侧} + S_{挑檐底}$

$$S_{水平投影} = (4.8 \text{ m} - 0.24 \text{ m}) \times (5 \text{ m} - 0.24 \text{ m}) + 4.8 \text{ m} \times (3.9 \text{ m} - 0.24 \text{ m}) +$$
$$(3.6 \text{ m} - 0.24 \text{ m}) \times (8.9 \text{ m} - 0.24 \text{ m})$$
$$= 68.37 \text{ m}^2$$

$$S_{梁两侧} = (3.9 \text{ m} - 0.24 \text{ m}) \times (0.45 \text{ m} - 0.1 \text{ m}) + (3.9 \text{ m} - 0.24 \text{ m}) \times (0.45 \text{ m} -$$
$$0.15 \text{ m}) + (3.6 \text{ m} - 0.24 \text{ m}) \times (0.4 \text{ m} - 0.15 \text{ m}) \times 2$$
$$= 4.06 \text{ m}^2$$

$$S_{挑檐底} = (L_{外} + 4 \times 挑檐宽) \times 挑檐宽$$
$$= \left[(8.4 \text{ m} + 0.24 \text{ m} + 8.9 \text{ m} + 0.24 \text{ m}) \times 2 + 4 \times 0.38 \text{ m} \right] \times 0.38 \text{ m}$$
$$= 14.09 \text{ m}^2$$

工程量 = 68.37 m² + 4.06 m² + 14.09 m² = 86.52 m²

(2) 分部分项工程量清单如表 11-3 所示。

表 11-3　天棚抹灰的分部分项工程量清单

序号	项目编码	项目名称	项目特征	计量单位	工程量
1	011301001001	天棚抹灰	(1) 素水泥浆一道； (2) 5 mm 厚 1 : 0.3 : 3 水泥石灰砂浆打底； (3) 5 mm 厚 1 : 0.3 : 2.5 水泥石灰砂浆抹面	m²	86.52

四、油漆、涂料、裱糊工程的计算规则与方法

（一）门油漆（编码：011401）

1. 工程量计算规则

木门油漆 (011401001) 和金属门油漆 (011401002)：以"樘"计量时，按设计图示数量计量；以"m²"计量时，按设计图示洞口尺寸以面积计算。

2. 相关说明

(1) 木门油漆应区分木大门、单层木门、双层 (一玻一纱) 木门、双层 (单裁口) 木门、全玻自由门、半玻自由门、装饰门及有框门或无框门等项目，应分别编码列项。

(2) 金属门油漆应区分平开门、推拉门及钢制防火门列项。

(3) 以"m²"计量时，项目特征可不必描述洞口尺寸。

（二）窗油漆（编码：011402）

1. 工程量计算规则

木窗油漆 (011402001) 和金属窗油漆 (011402002)：以"樘"计量时，按设计图示数量计量；以"m²"计量时，按设计图示洞口尺寸以面积计算。

2. 相关说明

(1) 木窗油漆应区分单层木门、双层（一玻一纱）木窗、双层框扇（单裁口）木窗、双层框三层（二玻一纱）木窗、单层组合窗、双层组合窗、木百叶窗及木推拉窗等项目分别列项。

(2) 金属窗油漆应区分平开窗、推拉窗、固定窗、组合窗及金属隔栅窗分别列项。

(3) 以"m²"计量时，项目特征可不必描述洞口尺寸。

(4) 若窗油漆工作内容中包含刮腻子，则应在综合单价中考虑，不再单独列项。

（三）木扶手及其他板条、线条油漆（编码：011403）

1. 工程量计算规则

木扶手油漆 (011403001)，窗帘盒油漆 (011403002)，封檐板、顺水板油漆 (011403003)，挂衣板、黑板框油漆 (011403004)，挂镜线、窗帘棍、单独木线油漆 (011403005) 按设计图示尺寸以长度"m"计算。

2. 相关说明

(1) 木扶手应区分带托板与不带托板，分别编码列项。若是木栏杆带扶手，则木扶手不应单独列项，应包含在木栏杆油漆中。

(2) 若木扶手及其他板条线条油漆工作内容中包含刮腻子，则应在综合单价中考虑，不再单独列项。

（四）木材面油漆（编码：011404）

1. 工程量计算规则

(1) 木护墙、木墙裙油漆 (011404001)，窗台板、筒子板、盖板、门窗套、踢脚线油漆 (011404002)，清水板条天棚、檐口油漆 (011404003)，木方格吊顶天棚油漆 (011404004)，吸音板墙面、天棚面油漆 (011404005)，暖气罩油漆 (011404006)：按设计图示尺寸以面积"m²"计算。

(2) 木间壁、木隔断油漆 (011404008)，玻璃间壁露明墙筋油漆 (011404009)，木栅栏、木栏杆（带扶手）油漆 (011404010)：按设计图示尺寸以单面外围面积"m²"计算。

(3) 衣柜、壁柜油漆 (011404011)，梁柱饰面油漆 (011404012)，零星木装修油漆 (011404013)：按设计图示尺寸以油漆部分展开面积"m²"计算。

(4) 木地板油漆 (011404014) 和木地板烫硬蜡面 (011404015)：按设计图示尺寸以面积"m²"计算。空洞、空圈、暖气包槽、壁龛的开口部分并入相应的工程量内。

2. 相关说明

扶手油漆在综合单价中考虑，不再单独列项。

（五）金属面油漆（编码：011405）

工程量计算规则如下：

金属面油漆 (011405001)：以"t"计量时，按设计图示尺寸以质量计算；以"m²"计量时，按设计展开面积计算。

（六）抹灰面油漆（编码：011406）

1. 工程量计算规则

(1) 抹灰面油漆 (011406001) 和满刮腻子 (011406003)：按设计图示尺寸以面积"m²"计算。

(2) 抹灰线条油漆 (011406002)：按设计图示尺寸以长度"m"计算。

2. 相关说明

满刮腻子仅适用于单独刮腻子的情况，若在工作内容中包含刮腻子的项目应在综合单价中考虑，不再另行列项。

（七）喷刷涂料（编码：011407）

1. 工程量计算规则

(1) 墙面喷刷涂料 (011407001) 和天棚喷刷涂料 (011407002)：按设计图示尺寸以面积"m²"计算。

(2) 空花格、栏杆刷涂料 (011407003)：按设计图示尺寸以单面外围面积"m²"计算。

(3) 线条刷涂料 (011407004)：按设计图示尺寸以长度"m"计算。

(4) 金属构件刷防火涂料 (011407005)：以"t"计量时，按设计图示尺寸以质量计算；以"m²"计量时，按设计展开面积计算。

(5) 木材构件喷刷防火涂料 (011407006)：以"m²"计量时，按设计图示尺寸以面积计算；以"m³"计量，按设计结构尺寸以体积计算。

2. 相关说明

喷刷墙面涂料部位要注明内墙或外墙。

（八）裱糊（编码：011408）

墙纸裱糊 (011408001) 和织锦缎裱糊 (011408002) 按设计图示尺寸以面积"m²"计算。

五、其他装饰工程的计算规则与方法

（一）柜类、货架（编码：011501）

工程量计算规则：

柜台（011501001）、酒柜（011501002）、衣柜（011501003）、存包柜（011501004）、鞋柜（011501005）、书柜（011501006）、厨房壁柜（011501007）、木壁柜（011501008）、厨房低柜（011501009）、厨房吊柜（011501010）、矮柜（011501011）、吧台背柜（011501012）、酒吧吊柜（011501013）、酒吧台（011501014）、展台（011501015）、收银台（011501016）、试衣间（011501017）、货架（011501018）、书架（011501019）及服务台（011501020）：以"个"计量时，按设计图示数量计量；以"米"计量时，按设计图示尺寸以延长米计算。

（二）装饰线（编码：011502）

工程量计算规则：

金属装饰线（011502001）、木质装饰线（011502002）、石材装饰线（011502003）、石膏装饰线（011502004）、镜面玻璃线（011502005）、铝塑装饰线（011502006）及塑料装饰线（011502007）按设计图示尺寸以长度"m"计算。

（三）扶手、栏杆、栏板装饰（编码：011503）

工程量计算规则：

金属扶手、栏杆、栏板（011503001）、硬木扶手、栏杆、栏板（011503002）、塑料扶手、栏杆、栏板（011503003）、金属靠墙扶手（011503004）、硬木靠墙扶手（011503005）、塑料靠墙扶手（011503006）及玻璃栏板（011503007）按设计图示尺寸以扶手中心线长度"m"（包括弯头长度）计算。

（四）暖气罩（编码：011504）

工程量计算规则：

饰面板暖气罩（011504001）、塑料板暖气罩（011504002）及金属暖气罩（011504003）按设计图示尺寸以垂直投影面积"m²"（不展开）计算。

（五）浴厕配件（编码：011505）

1. 工程量计算规则

(1) 洗漱台（011505001）：按设计图示尺寸以台面外接矩形面积"m²"计算；不扣除孔洞、挖弯、削角所占的面积，挡板、吊沿板面积并入台面面积内；或按设计图示数

量以"个"计算。

(2) 晒衣架 (011505002)、帘子杆 (011505003)、浴缸拉手 (011505004)、卫生间扶手 (011505005)、毛巾杆 (架)(011505006)、毛巾环 (011505007)、卫生纸盒 (011505008)、肥皂盒 (011505009) 及镜箱 (011505011)：按设计图示数量计算。

(3) 镜面玻璃 (011505010)：按设计图示尺寸以边框外围面积"m²"计算。

2. 相关说明

洗漱台放置洗脸盆时应挖洞、挖弯、削角，计算工程量时应综合考虑。

（六）雨篷、旗杆（编码：011506)

工程量计算规则：

(1) 雨篷吊挂饰面 (011506001) 和玻璃雨篷 (011506003)：按设计图示尺寸以水平投影面积"m²"计算。

(2) 金属旗杆 (011506002)：按设计图示数量以"根"计算。

（七）招牌、灯箱（编码：011507)

工程量计算规则：

(1) 平面、箱式招牌 (011507001)：按设计图示尺寸以正立面边框外围面积"m²"计算；复杂形的凸凹造型部分不增加面积。

(2) 竖式标箱 (011507002) 和灯箱 (011507003)：按设计图示数量以"个"计算。

（八）美术字（编码：011508)

工程量计算规则：

泡沫塑料字 (011508001)、有机玻璃字 (011508002)、木质字 (011508003)、金属字 (011508004) 及吸塑字 (011508005) 按设计图示数量以"个"计算。

本章主要介绍装饰工程的内容、清单计算规则与方法，针对所涵盖的内容、计算规则与方法给出了相应的案例，加深了对知识点的理解。

思考与练习

一、单项选择题

1. 以下选项中不属于室内装修包含的构件的是 (   )。

A. 玻璃幕墙   B. 地面   C. 踢脚   D. 天棚

2. 在进行楼地面防水清单工程量计算时，当反边高度超过 (   ) 时，反边部分增加的工程量应该算作墙面防水。

A. 300 mm   B. 400 mm   C. 500 mm   D. 600 mm

3. 墙面抹灰工程量按设计图示尺寸以面积计算。以下关于墙面抹灰工程量的说法中，错误的是 (   )。

A. 外墙抹灰面积按外墙垂直投影面积计算

B. 内墙抹灰面积按主墙间的净长乘以高度计算

C. 门窗洞口和孔洞的侧壁及顶面部分的抹灰量并入相应的墙面面积内

D. 附墙柱、梁、垛、烟囱侧壁的抹灰量并入相应的墙面面积内

4. 某房间内墙净长线为 125 m，层高 3.6 m，板厚 100 mm，1.2 m×2 m(门宽×门高) 的门 3 樘，0.8 m×1.5 m(窗宽×窗高) 的窗 4 个，踢脚线 120 mm，则内墙抹灰工程量为(   )。

A. 409.3 m²   B. 425.50 m²   C. 415.30 m²   D. 438.00 m²

二、判断题

1. 砂浆找平层项目适用于仅做找平层的柱 (梁) 面抹灰。

2. 间壁墙是指墙厚不大于 100 mm 的墙。

3. 在进行楼地面整体面层及找平层清单工程量计算时，要计算门洞、空圈、暖气包槽、壁龛的开口部分增加的面积。

4. 楼地面找平层工程量和楼梯面层工程量均取面积。

5. 在进行块料面层清单工程量计算时，门洞、空圈、暖气包槽、壁龛的开口部分增加的面积并入相应的工程量。

第十二章

实际工程项目的工程量清单及计价文件编制

 学习目标

(1) 熟悉计价文件组成。
(2) 掌握实际项目工程量清单的编制。
(3) 掌握工程量清单计价文件的编制。

 知识结构图

本章的知识结构图如图 12-1 所示。

实际工程项目的工程量清单及计价文件编制 —— 招投标文件工程量清单的内容

—— 实际工程项目的工程量清单文件

图 12-1　实际工程项目的工程量清单及计价文件编制知识结构图

案例导入

　　川南地区某学校实训活动中心项目拟采用公开招标的方式确定施工单位，其招标范围为施工图范围内的建筑工程。施工必须满足现行四川省建设行政主管部门对工程建设的有关规定，并按经批准的施工组织设计实施，且符合施工规范及验收标准的相关要求。

　　思考：招标人的招标文件工程量清单包含哪些内容？清单计价文件应如何编制？

第一节 招投标文件工程量清单的内容

一、概述

工程量清单计价文件主要包括招标控制价文件、投标报价文件、索赔与现场签证文件、工程竣工结算文件等。采用工程量清单计价模式项目的建筑安装工程费由分部分项工程费、措施项目费、其他项目费、规费及税金组成。

二、招投标工程量清单

"13 规范"一般规定中约定"依法招标的工程项目应实行工程量清单招标，并编制招标控制价。"招标控制价应由有编制能力的招标人或受招标人委托的具有相应资质的咨询单位编制及复核。

投标报价应由投标人或投标人委托的具有相应资质的咨询单位编制，投标报价不得高于招标控制价，同时不得低于成本价。投标人编写的投标工程量清单必须按照招标人提供的招标工程量清单填写相应的价格，其项目编码、项目名称、项目特征、计量单位及工程量必须与招标工程量清单保持一致。

计价文件编制时表格应采用统一的格式，工程量清单编制时应注意以下几点：

(1) 扉页编制应按规定填写并签字盖章。

(2) 总说明应填写工程概况 (包括建设规模、计划工期、施工现场实际情况等)、工程发包范围、工程量清单编制依据、质量、材料、施工等特殊要求及其他需说明的问题。

(3) 投标工程量清单中措施项目中的总价措施费应根据招标文件及投标当期拟定的施工方案按规定自主报价，安全文明施工费应根据规定确定。

(4) 投标工程量清单中的暂列金和专业工程暂估价应按招标工程量清单中所列金额填写。

(5) 招标工程量清单中列出的所有应填写单价与合价的项目，投标人均应填写，且招标文件未明确备选方案时，只允许有一个报价。

(6) 投标人应响应招标文件要求，附工程量清单综合单价分析表。

常用招标控制价 / 投标报价工程量清单计价表如下：

A. 封面及总说明见图 12-2、图 12-3；

B. 工程项目总价表见表 12-1；

C. 单项工程费汇总表见表 12-2；

D. 单位工程费汇总表见表 12-3；

E. 分部分项工程量清单计价表见表 12-4；

F. 工程量清单综合单价分析表见表 12-5；

G. 措施项目清单与计价表见表 12-6、表 12-7；

H. 其他项目清单计价表见表 12-8；

I. 暂列金额明细表见表 12-9；

J. 材料暂估价表见表 12-10；

K. 专业工程暂估价表见表 12-11；

L. 计日工表见表 12-12；

M. 总承包服务费计价表见表 12-13；

N. 规费及税金项目清单与计价表见表 12-14。

相关表格具体如下：

_____工程

招标工程量清单

招　标　人：

　　　　　　　　　　　　　　　　（单位盖章）

造价咨询人：

　　　　　　　　　　　　　　　　（单位盖章）

　　　　　　　　　　　　　年　月　日

封一1

图 12-2　封面

工程名称：   第 页 共 页

图 12-3 总说明

表 12-1 工程项目总价表

工程名称： 第 页 共 页

序号	单项工程名称	金额 / 元	其中： / 元		
			暂估价	安全文明施工费	规费
	合计				

注：本表适用于工程项目招标控制价或投标报价的汇总。

表 12-2 单项工程费汇总表

工程名称：   第 页 共 页

序号	单项工程名称	金额/元	其中： /元		
			暂估价	安全文明施工费	规费
	合计				

注：本表适用于单项工程招标控制价或投标报价的汇总。暂估价包括分部分项工程中的暂估价和专业工程暂估价。

表 12-3 单位工程费汇总表

工程名称： 标段： 第 页 共 页

序号	汇总内容	金额 / 元	其中：暂估价 / 元
1	分部分项工程		
1.1			
1.2			
1.3			
1.4			
1.5			
2	措施项目		—
2.1	其中：安全文明施工费		—
3	其他项目		—
3.1	其中：暂列金额		—
3.2	其中：专业工程暂估价		—
3.3	其中：计日工		—
3.4	其中：总承包服务费		—
4	规费		—
5	税金		—
招标控制价合计 =1+2+3+4+5			

注：本表适用于单项工程招标控制价或投标报价的汇总。

表 12-4　分部分项工程量清单计价表

工程名称：　　　　　　　　　　标段：　　　　　　　　　第　页　共　页

序号	项目编码	项目名称	项目特征描述	计量单位	工程量	金额/元		
						综合单价	合价	其中
								暂估价
	本页小计							
	合　计							

注：根据建设部、财政部发布的《建筑安装工程费用组成》(建标〔2003〕206 号) 的规定，为计取规费等的使用，可在表中增设"直接费""人工费"或"人工费 + 机械费"。

表 12-5　工程量清单综合单价分析表

第十二章　实际工程项目的工程量清单及计价文件编制  197

表 12-5　工程量清单综合单价分析表

工程名称：　　　　　　　　　　标段：　　　　　　　　　　第　页共　页

项目编码				项目名称				计量单位	
清单综合单价组成明细									
定额编号	定额名称	定额单位	数量	单价 / 元				合价 / 元	

定额编号	定额名称	定额单位	数量	人工费	材料费	机械费	管理费和利润	人工费	材料费	机械费	管理费和利润
人工单价		小　计									
元 / 工日		未计价材料费									
清单项目综合单价											

	主要材料名称、规格、型号		单位	数量	单价 / 元	合价 / 元	暂估单价 / 元	暂估合价 / 元
材料费明细								
	其他材料费				—		—	
	材料费小计				—		—	

注：(1) 如不使用省级或行业建设主管部门发布的计价依据，可不填定额项目、编码等。

　　(2) 招标文件提供了暂估单价的材料，按暂估的单价填入表内"暂估单价"栏及"暂估合价"栏。

表 12-6　措施项目清单与计价表（一）

工程名称：　　　　　　　　　标段：　　　　　　　　　第　页共　页

序号	项目编码	项目名称	计算基础	费率 /%	金额 / 元
		安全文明施工费			
		夜间施工费			
		二次搬运费			
		冬雨季施工			
		大型机械设备进出场及安拆费			
		施工排水			
		施工降水			
		地上、地下设施、建筑物的临时保护设施			
		已完工程及设备保护			
		各专业工程的措施项目			
合计					

注：(1) 本表适用于以"项"计价的措施项目；

　　(2) 根据建设部、财政部发布的《建筑安装工程费用组成》(建标〔2003〕206 号) 的规定，"计算基础"可为"直接费""人工费"或"人工费 + 机械费"。

表 12-7　措施项目清单与计价表（二）

工程名称：　　　　　　　　　　标段：　　　　　　　　　　　　第　页共　页

序号	项目编码	项目名称	项目特征描述	计量单位	工程量	金额 / 元	
						综合单价	合价
	本页小计						
	合　　计						

注：本表适用于以综合单价形式计价的措施项目。

表 12-8　其他项目清单计价表

工程名称：　　　　　　　　　　标段：　　　　　　　　第　页共　页

序号	项目名称	计量单位	金额／元	备注
1	暂列金额	项		
2	暂估价			
2.1	材料（工程设备）暂估价		—	
2.2	专业工程暂估价			
3	计日工			
4	总承包服务费			
5				
合　计				

注：材料暂估单价计入清单项目综合单价，此处不汇总。

表 12-9 暂列金额明细表

工程名称： 标段： 第 页共 页

序号	项目名称	计量单位	暂定金额 / 元	备注
1				
2				
3				
4				
5				
6				
7				
8				
9				
10				
11				
合 计				

注：此表由招标人填写，如不能详列，也可只列暂定金额总额，投标人应将上述暂列金额计入投标总价中。

表 12-10 材料暂估价表

工程名称：　　　　　　　　　　标段：　　　　　　　　　　　第　页共　页

序号	材料 (工程设备) 名称、规格、型号	计量单位	单价 / 元	备注

注：(1) 此表由招标人填写，并在备注栏说明暂估价的材料拟用在哪些清单项目上，投标人应将上述材料暂估单价计入工程量清单综合单价报价中。

(2) 材料包括原材料、燃料、构配件以及按规定应计入建筑安装工程造价的设备。

表 12-11　专业工程暂估价表

工程名称：　　　　　　　　　　标段：　　　　　　　　　　　　　第　页共　页

序号	工程名称	工程内容	金额 / 元	备注
合　计				

注：此表由招标人填写，投标人应将上述专业工程暂估价计入投标总价中。

表 12-12 计日工表

工程名称： 标段： 第 页共 页

编号	项目名称	单位	暂定数量	综合单价	合价
一	人工				
1					
2					
3					
4					
人工小计					
二	材料				
1					
2					
3					
4					
5					
6					
7					
材料小计					
三	施工机械				
1					
2					
3					
4					
施工机械小计					
总　计					

注：此表项目名称、数量由招标人填写，编制招标控制价时，单价由招标人按有关计价规定确定；投标时，单价由投标人自主报价，计入投标总价中。

表 12-13 总承包服务费计价表

工程名称：　　　　　　　　　　　标段：　　　　　　　　　　　第　页共　页

序号	项目名称	项目价值 / 元	服务内容	费率 /%	金额 / 元
1	发包人发包专业工程				
2	发包人供应材料				
合计	—		—	—	

表 12-14 规费及税金项目清单与计价表

工程名称： 标段： 第 页共 页

序号	项目名称	计算基础	费率 /%	金额 / 元
1	规费			
1.1	工程排污费			
1.2	社会保障费			
(1)	养老保险费			
(2)	失业保险费			
(3)	医疗保险费			
1.3	住房公积金			
1.4	工伤保险			
2	税金	分部分项工程费＋措施项目费＋其他项目费＋规费		

注：根据建设部、财政部发布的《建筑安装工程费用组成》(建标〔2003〕206 号) 的规定，"计算基础" 可为 "直接费" "人工费" 或 "人工费＋机械费"

第二节 实际工程项目的工程量清单文件

一、项目概况

该工程为某学校学生实训活动中心（文体中心）项目，总建筑面积 3 618 m²，建筑层数 3 层，建筑总高 17.7 米，计划工期为 360 日历天。

二、实际工程项目的工程量清单文件（节选）

实际工程项目的工程量清单文件见图 12-4 ～图 12-5 和表 12-15 ～表 12-25。

学生实训活动中心（文体中心）　　　　　　　工程

工 程 量 清 单

	工程造价
招 标 人：　四川省某学校	咨 询 人：
（单位盖章）	（单位资质专用章）
法定代表人	法定代表人
或其授权人	或其授权人：
（签字或盖章）	（签字或盖章）
编 制 人：	复 核 人：
（造价人员签字盖专用章）	（造价工程师签字盖专用章）
编 制 时 间：	复 核 时 间：

封一1

图 12-4　实际工程项目封面

工程名称： 学生实训活动中心（文体中心）

1. 工程概况

本工程为川南地区某学校学生实训活动中心（文体中心），总建筑面积 3 618 m²。其中文体活动中心建筑面积为 1 796 m²，框架结构，层数 3 层，建筑总高 17.7 m。

2. 工程招标和分包范围

工程量清单所包含的所有内容。

3. 工程量清单编制依据

(1)《建设工程工程量清单计价规范》（GB 50500—2013）。

(2) 现行设计及施工技术规范、规程、标准。

(3) 川省商业建筑设计院有限公司设计的施工图。

(4)《四川省建设工程工程量清单计价管理办法》。

(5)《四川省建设工程安全文明施工措施费计价管理办法》。

4. 工程质量、材料、施工等的特殊要求

(1) 工程质量要求：必须达到合格，符合现行施工及验收规范要求；

(2) 材料质量要求：必须是合格产品，必须持有相关部门颁发的"产品合格证书"，材料必须达到到国家、省、市现行验收标准，材料品质、规格必须符合设计要求；

(3) 施工要求：必须满足现行四川省建设行政主管部门对工程建设的有关规定，并按经批准的施工组织设计实施，且符合施工规范及验收标准的相关要求。

5. 其他需说明的问题

(1) 编制范围：施工图范围内的建筑工程。

(2) 本工程清单应结合施工图、工程量清单计价规范、施工技术操作规程阅读和理解。

(3) 本工程量清单报价的共同基础、实际工程量和工程计量及工程价款支付应遵循合同条款的约定。

(4) 本工程量清单中的措施项目仅供投标人参考，投标人踏勘现场后应根据施工组织设计自主确定措施项目、数量及报价。

(5) 投标人工程量清单报价的措施项目清单按照四川省施工措施费取费规定进行报价。中标后，在竣工结算时，除安全文明施工措施费外，其余措施费按招标文件规定。表中的"安全文明施工措施评价及费率测定表"和相关规定调整为。

(6) 规费按投标人持有的《四川省施工企业工程费计价规费计取标准》中规定的项目和标准计取，不得进行投标竞争。

(7) 土、石方开挖方式，余土弃置的弃土场（含弃渣、土、石费用），运距由投标人自行踏勘现场，自主确定投标报价，包含在相应项目中。

(8) 本说明不详的，以设计施工图、招标文件、项目特征描述为准。

图 12-5 实际工程项目总说明

表 12-15　实际工程项目单位工程费用汇总表

工程名称：学生实训活动中心（文体中心）【建筑工程】　标段：主体工程

序号	汇总内容	金　额 / 元	其中：暂估价 / 元
1	分部分项工程		
2	措施项目		
2.1	其中：安全文明施工费		
3	其他项目		
3.1	其中：暂列金额		
3.2	其中：专业工程暂估价		
3.3	其中：计日工		
3.4	其中：总承包服务费		
4	规费		
5	税金：（1 + 2 + 3 + 4）× 规定费率		
	招标控制价 / 投标报价合计 = 1 + 2 + 3 + 4 + 5		

表 12-16 实际工程项目分部分项工程量清单计价表

工程名称： 学生实训活动中心（文体中心）[建筑工程]　　　　标段： 主体工程

序号	项目编码	项目名称	项目特征描述	计量单位	工程数量	综合单价	合价	定额人工费	暂估价
								金额/元	
							金额/元	其中	
1	010101003001	挖基础土方	(1) 土壤类别：综合； (2) 基础类型：独立基础； (3) 垫层底宽、底面积，详见设计； (4) 挖土深度：详见设计； (5) 弃土运距：投标人自行考虑	m³	309.14				
2	010103001002	土（石）方回填	(1) 土质要求：综合； (2) 密实度要求：符合设计及规范要求； (3) 夯填（碾压）； (4) 运输距离：投标人自行考虑	m³	169.22				
3	010304001013	空心砖墙	(1) 墙体类型：内墙； (2) 墙体厚度：200 mm； (3) 空心砖、砌块品种、规格、强度等级：强度不低于 MU3.5； (4) 勾缝要求：原浆勾缝； (5) 砂浆强度等级、配合比：M7.5 混合砂浆	m³	126.24				
4	010304001014	多孔砖墙	(1) 墙体类型：内墙； (2) 墙体厚度：200 mm； (3) 多空砖、砌块品种、规格、强度等级：强度不低于 MU10； (4) 勾缝要求：原浆勾缝； (5) 砂浆强度等级、配合比：M5 混合砂浆	m³	281.34				

续表 12-17　实际工程项目分部分项工程量清单计价表

序号	项目编码	项目名称	项目特征描述	计量单位	工程数量	金额/元			
						综合单价	合价	其中 定额人工费	暂估价
5	010401002003	独立基础 C30 商品砼	混凝土强度等级：C30 商品砼	m³	200.165				
6	010401001004	基础垫层	混凝土强度等级：C15 商品砼	m³	35.38				
7	010402001005	矩形柱	混凝土强度等级：C30 商品砼	m³	129.91				
8	010402001016	构造柱	混凝土强度等级：C30 现浇砼	m³	21.37				
9	010405001006	有梁板	混凝土强度等级：C30 商品砼	m³	175.65				
10	010403001007	矩形梁	混凝土强度等级：C30 商品砼	m³	201.1				
11	010403005019	过梁	混凝土强度等级：C25 现浇砼	m³	5.78				
12	010406001008	直形楼梯	混凝土强度等级：C30 商品砼	m²	130.3				
13	010407001015	卫生间砼翻边	混凝土强度等级：C25 现浇砼	m³	3.918				
14	010416001009	现浇构件钢筋 圆钢（≤ϕ10）	钢筋种类、规格：圆钢 I 级（≤ϕ10）	t	17.316				

续表 12-18 实际工程项目分部分项工程量清单计价表

序号	项目编码	项目名称	项目特征描述	计量单位	工程数量	综合单价	合价	定额人工费	其中	暂估价
									金额/元	
15	010416001017	现浇构件钢筋圆钢（>φ10）	钢筋种类、规格：圆钢 I 级（>φ10）	t	0.256					
16	010416001010	现浇构件钢筋螺纹钢 II 级	钢筋种类、规格：螺纹钢 II 级	t	1.067					
17	010416001011	现浇构件钢筋螺纹钢 III 级	钢筋种类、规格：螺纹钢 III 级	t	69.9					
18	010416001018	砌体加筋	钢筋种类、规格：圆钢 I 级（三φ10）	t	1.495					
19	010702002012	防水屋面	做法：具体做法详细施工图——屋面 1	m²	574.56					
20	010607001020	金属网	材料品种、规格：钢丝网	m²	604.08					
21	010407002013	室外散水	(1)垫层材料种类、厚度：详细施工图； (2)具体做法：西南 11J 812 第 4 页第 5 大样、宽度 800 mm	m²	50					
22	010305004021	石挡土墙	(1)石料种类、规格：MU30 以上毛条石； (2)墙厚：详细设计； (3)石表面加工要求：详细设计； (4)勾缝要求：原浆勾缝； (5)砂浆强度等级、配合比：M7.5 水泥砂浆； (6)选用图集：04J008 P58 FJA*	m³	98.59					

续表 12-19 实际工程项目分部分项工程量清单计价表

序号	项目编码	项目名称	项目特征描述	计量单位	工程数量	综合单价	合价	定额人工费	其中	暂估价
23	010302006022	零星砌砖砖踏步	(1) 零星砌砖名称、部位：室外砖踏步； (2) 勾缝要求：原浆勾缝； (3) 砂浆强度等级、配合比：M7.5 水泥砂浆砌 MU10 页岩砖；	m²	19.54					
24	010306001023	砖暗沟	做法：参见西南 11J 812 第 4 页第 5 大样	m	63.3					
25	010306001024	砖排水沟	做法：详施工图（含沟顶盖板）	m	9					
26	010302006025	零星砌砖走道栏板	(1) 零星砌砖名称、部位：走道栏板； (2) 勾缝要求：原浆勾缝； (3) 砂浆强度等级、配合比：M7.5 水泥砂浆； (4) 具体做法：详设计施工图	m	121.2					
27	010803003026	保温隔热墙面	(1) 保温隔热部位：砖墙； (2) 保温隔热方式（内保温、外保温、夹心保温）：外保温； (3) 保温隔热面层材料品种、规格、性能：界面砂浆及抗裂防渗砂浆复合网格布； (4) 保温隔热材料品种、规格：30 mm 厚中空微珠保温砂浆； (5) 打底材料种类：20 mm 厚 1：3 水泥砂浆找平	m²	18 40.41					

工程名称：　学生实训活动中心（文体中心）【建筑工程】　　　　　　　标段：　主体工程

表 12-20　实际工程项目措施项目清单与计价表（一）

序号		项目名称	计算基础	费率/%	金额/元	其中：定额人工费/元
1		安全文明施工费				
其中	①	环境保护	分部分项清单定额人工费			
	②	文明施工	分部分项清单定额人工费			
	③	安全施工	分部分项清单定额人工费			
	④	临时设施	分部分项清单定额人工费			
2		夜间施工费	分部分项清单定额人工费			
3		二次搬运费	分部分项清单定额人工费			
4		冬雨季施工	分部分项清单定额人工费			
5		大型机械设备进出场及安拆费				
6		施工排水				
7		施工降水				
8		地上、地下设施、建筑物的临时保护设施				
9		已完工程及设备保护				
10		各专业工程的措施项目				
11		脚手架				
12		垂直运输机械				
合　计		—	—			

表 12-21 实际工程项目措施项目清单与计价表（二）

工程名称：学生实训活动中心（文体中心）【建筑工程】　　　　　　标段：主体工程

序号	项目编码	项目名称	项目特征描述	计量单位	工程数量	金额／元			定额人工费
						综合单价	合价	其中：定额人工费	
1		混凝土、钢筋混凝土模板及支架							
2	200201001	现浇砼模板安装、拆除，基础垫层		m²	252.72				
3	200201002	柱模板安拆		m²	1 009.84				
4	200201005	板模板安拆		m²	1 536.283				
5	200201003	梁模板安拆		m²	1 758.551				
6	200201003	过梁模板安拆		m²	86.47				
7	200201006	其他构件模板安拆		m²	169.48				
		小计							
		合　计							

表 12-22 实际实训活动中心（文体中心）其他项目清单与计价汇总表

工程名称：学生实训活动中心（文体中心）【建筑工程】　　　　　　标段：主体工程

序号	项目名称	计量单位	金额／元	备注
1	暂列金额			
2	暂估价		—	
2.1	材料暂估价	项		
2.2	烧结空心砖	m³		
2.3	专业工程暂估价			
3	计日工			
4	总承包服务费			
	合　计			

表 12-23 实际工程项目计日工表

工程名称： 学生实训活动中心（文体中心）[建筑工程]　　　　标段： 主体工程

编号	项目名称	单位	暂定数量	综合单价	合价
一	人工				
1	建筑、市政、园林绿化、抹灰工程、措施项目普工	工日	0		
2	建筑、市政、园林绿化、措施项目混凝土工	工日	0		
3	建筑、市政、园林绿化、抹灰工程、措施项目技工	工日	0		
4	装饰普工	工日	0		
5	装饰技工	工日	0		
6	装饰细木工	工日	0		
7	安装普工	工日	0		
8	安装技工	工日	0		
9	抗震加固普工	工日	0		
10	抗震加固技工	工日	0		
	人工小计				
二	材料				
	材料小计				
三	施工机械				
	施工机械小计				
	总　计				

表 12-24 实际工程项目总承包服务费计价表

工程名称： 学生实训活动中心（文体中心）[建筑工程] 标段： 主体工程

序号	项目名称	项目价值/元	服务内容	费率/%	金额/元
一	发包人发包专业工程				
1					
2					
二	发包人供应材料				
1					
2					
	合 计				

表 12-25 实际工程项目规费清单及计价表

工程名称： 学生实训活动中心（文体中心）[建筑工程] 标段： 主体工程

序号	项目名称	计算基础	费率/%	金额/元
1	工程排污费			
2.	社会保障费			
(1)	养老保险费	分部分项清单定额人工费 措施项目定额人工费		
(2)	失业保险费	分部分项清单定额人工费 措施项目定额人工费		
(3)	医疗保险费	分部分项清单定额人工费 措施项目定额人工费		
3	住房公积金	分部分项清单定额人工费 措施项目定额人工费		
4	工伤保险和危险作业意外伤害保险	分部分项清单定额人工费 措施项目定额人工费		
	合 计			

第十三章

工程结算与竣工决算

 学习目标

(1) 了解竣工决算。
(2) 掌握预付款及期中支付。
(3) 掌握竣工结算。
(4) 掌握合同价款纠纷处理。
(5) 掌握工程总承包合同价款的结算。

 知识结构图

本章的知识结构图如图 13-1 所示。

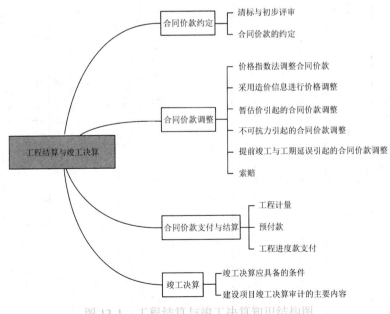

图 13-1　工程结算与竣工决算知识结构图

案例导入

某施工项目通过公开招标的方式确定承包商，中标后发承包双方签订了工程合同，已知合同工期、合同约定的工程内容、合同价款以及发承包双方确认的其他事项。

思考：预付款和安全文明费为多少，工程结算款如何计算？

第一节　合同价款约定

一、清标与初步评审

（一）清标

清标是指招标人或造价咨询单位在开标后，评标前对投标人投标报价、报价合理性及是否遵守相关规定进行审查并提出意见的活动。清标的内容主要包括对招标文件的响应性评价，错误与漏项分析，分部分项工程量清单综合单价合理性分析，暂列金与暂估价复核，单价与合价算术性复核与建议，不平衡报价分析及其他问题。

（二）初步评审及标准

我国目前常采用最低投标价法和综合评估法两种评审方法，其初步评审阶段的内容与方法一致。

初步评审标准：初步评审标准包含形式评审标准、资格评审标准、响应性评审标准及施工组织设计和项目管理机构评审标准。其中，形式评审包含投标人名称与营业执照、资质证书与安全生产许可证是否一致，投标函有法定代表人或代理人签字或盖章，格式是否符合要求，提交联合体协议书并明确牵头人，报价是否唯一等。资格评审标准是指若未进行资格预审，投标人是否具备有效的营业执照、安全生产许可证，资质、财务及信誉等符合规定；若已进行资格预审，应根据详细审查标准审核。响应性评审标准即审核投标文件是否响应招标文件所列要求，有无显著的差异或保留审核。

经评审的最低投标价法体现了科学、择优，与提高经济效益的招标宗旨一致，且随着工程量清单计价规范、电子商务招投标、信用评价体系等一系列措施的推行，对于评标时评标委员会需要判定投标人的价格是否合理，是否低于成本，判断低于成本的依据是否科学，是否存在质量差与价格低的状况等问题也得到了一定的解决。该方法主要适用于具有通用技术、性能标准或者对技术与标准无特殊要求的项目。

综合评估法的适用范围较广，对于不适用于经评审的最低投标价法的项目，一般应当采用综合评估法。综合评估法虽然程序合法，但受主观因素影响，结果并不一定合理，容易造成串通投标。

【例13-1】 某建筑工程项目招标采用经评审的最低投标价法，招标文件规定对同时投多个标段的评标修正率为5%，现甲、乙同时投1、2两个标段，甲的报价分别为9 000万元、8 000万元，乙的报价分别为9 500万元、7 800万元。已知投标人甲已经中标1标段，在不考虑其他量化因素的情况下，投标人甲与乙2标段的评标价分别为多少？

【解】 根据题目已知信息中"招标文件规定对同时投多个标段的评标修正率为5%"的条件，投标人甲在2标段可享受5%的评标优惠，则

投标人甲2标段的评标价 = 8 000 × (1 − 5%) = 7 600万元

投标人乙2标段的评标价 = 7 800万元

二、合同价款的约定

中标价即签约合同价，中标价只指在评标时经过算术修正，并在中标通知书中载明的投标价格。

招标人和中标人应在自中标通知书发出之日起30日内，根据招标文件和中标人的投标文件订立书面合同。招标人与中标人签订合同后5个工作日内，应当向中标人和未中标的投标人退还投标保证金及银行同期存款利息。实行工程量清单计价的建设工程项目，鼓励发承包双方签订单价合同；建设规模较小、工期较短、技术难度低的建设工程项目发承包双方可以签订总价合同；抢险救灾等应急项目及施工技术特别复杂的项目发承包双方可以签订成本加酬金合同。

第二节　合同价款调整

当合同无特殊约定时，承包人采购的材料、工程设备单价变化超过5%时，超过部分的价格应按照价格指数调整法或造价信息差额法计算调整。

一、价格指数法调整合同价款

价格指数法调价适用于施工项目中材料品种较少，但每种材料用料较大的公路、水利水电工程等项目，其价格调整公式为

$$\Delta P = P_0 \times \left[A + \left(B_1 \times \frac{F_{t1}}{F_{01}} + B_2 \times \frac{F_{t2}}{F_{02}} + \cdots + B_n \times \frac{F_{tn}}{F_{0n}} \right) - 1 \right] \tag{13-1}$$

式中，ΔP 为调整后的价款差额；P_0 为约定的付款证书中，已完成工程量的金额；A 为定值权重 (称固定系数)；B_1，B_2，B_3，B_4，$\cdots$，B_n 为各可调值因子的权重 (称品种系数)；F_{t1}，F_{t2}，F_{t3}，$\cdots$，F_{tn} 为各可调值因子的现行价数；F_{01}，F_{02}，F_{03}，$\cdots$，F_{0n} 为各可调值因子的基本价格指数。

不可调值部分 (固定系数) 以及各个可调值部分的比重 (品种系数) 之和为 1；因承包人原因的工期延误，在使用价格调整公式时，选择约定和实际竣工日期中较低的价格指数。

【例 13-2】　某建筑施工合同约定，基准日为 2022 年 3 月 20 日，竣工日期为 2022 年 8 月 30 日；工程价款结算时人工单价、钢材、商品混凝土及施工机具使用费采用价格指数法调验，各项权重系数及价格指数如表 13-1 所示，工程开工后，由于发包人原因导致原计划 8 月施工的工程延误至 9 月实施，2022 年 9 月承包人当月完成清单子目价款 3 000 万元，当月按已标价工程量清单价格确认的变更金额为 200 万元，则本工程 2022 年 9 月的价格调整金额为多少？

表 13-1　权重系数与价格指数表

项目	人工	钢材	混凝土	施工机具使用费	定值部分
权重系数	0.2	0.10	0.30	0.10	0.3
2022 年 3 月指数	100	85	113.5	110	—
2022 年 8 月指数	110	90	118.7	113	—
2022 年 9 月指数	108	89	116.8	112	—

【解】　$\Delta P = P_0 \times \left[A + \left(B_1 \times \dfrac{F_{t1}}{F_{01}} + B_2 \times \dfrac{F_{t2}}{F_{02}} + \cdots + B_n \times \dfrac{F_{tn}}{F_{0n}} \right) - 1 \right]$

价格调整金额 $= (3000 + 200) \times \left[\dfrac{0.3 + 0.2 \times 110}{100} + \dfrac{0.1 \times 90}{85} + \dfrac{0.3 \times 118.7}{113.5} + \dfrac{0.10 \times 113}{110} - 1 \right]$ 万元

$= 135.36$ 万元

二、采用造价信息进行价格调整

采用造价信息进行价格调整的方法主要适用于材料品种多，每种材料用量较小的建设工程施工项目。应按以下调整方法进行调整：

(1) 人工与机械使用费，按照工程造价管理机构发布的人工成本信息、机械台班单价或机械使用费系数进行调整；

(2) 需要进行价格调整的材料，如果价格波动高于发承包双方约定的风险范围，其单价和采购数量应由发包人复核，发包人确认需调整的材料单价及数量，作为调整合同价款差额的依据。材料价格波动时，通常应按不利于承包方的原则计算波动幅度。

三、暂估价引起的合同价款调整

（一）设备及材料暂估价

发包人在招标工程量清单中列出的暂估材料和设备不属于依法必须进行招标的，由承包人按照合同及采购相关规定采购，经发包人确认后代替原有暂估价，进行相应合同价款调整。发包人在招标工程量清单中列出的暂估材料和设备属于依法必须进行招标的，由发承包双方招标确定供应商，价格确定后代替原有暂估价进行相应合同价款调整。

（二）专业工程暂估价

若承包人不参与投标的专业工程，应由投标人组织招标，招标文件、评标办法、评标结果等应报送发包人并经批准，该部分价格应包含在总承包合同价款中。若承包人参与投标的专业工程，应由发包人组织招标，招标工作相关费用由发包人承担，专业工程中标价代替原有专业工程暂估价进行相应合同价款调整。

四、不可抗力引起的合同价款调整

根据"13规范"因不可抗力造成的损失应按照以下原则承担相应责任：

(1) 工程本身的损害、因工程损害导致第三方人员伤亡和财产损失以及运至施工场地用于施工的材料和待安装的设备的损害，应由发包方承担。

(2) 承发包方人员伤亡由其所在单位负责，并承担相应费用。

(3) 承包方的施工机械、设备损坏及停工损失由承包方承担。

(4) 停工期间，承包方应发包方要求留在施工场地的必要的管理人员及保卫人员的费用，由发包方承担。

(5) 工程所需的清理、修复费用由发包方承担。

五、提前竣工与工期延误引起的合同价款调整

（一）提前竣工

(1) 赶工费：发包人应当依据相关规定合理计算工期，压缩的工期不得超过定额工期的20%，超出部分应在招标文件中标明。赶工费包含人工费、材料费、施工机具使用费的增加。

（2）提前竣工奖励：若承包人实际工期低于合同约定的工期，则承包人有权向发包人提出提前竣工奖励；一般双方应当在合同文件中约定提前竣工奖励的最高限额。

（二）工期延误

《民法典》第 803 条：发包人未按照约定的时间和要求提供原材料、设备、场地、资金、技术资料的，承包人可以顺延工程日期，并有权请求赔偿停工、窝工等损失。《民法典》第 804 条：因发包人的原因致使工程中途停建、缓建的，发包人应当采取措施弥补或者减少损失，赔偿承包人因此造成的停工、窝工、倒运、机械设备调迁、材料和构件积压等损失和实际费用。一般双方应在合同中约定延期赔偿费的最高限额。

六、索赔

工程索赔是在建设工程合同履约过程中，一方当事人因非己方原因遭受工期延误或经济损失，按照合同文件与相关法律规定，应由非己方承担相应责任，向对方提出的工期和费用补偿要求。

承包人应在知道或应当知道索赔事件发生后的 28 天内，向监理人递交索赔意向通知书，并说明发生索赔事件的事由；承包人未在前述 28 天内发出索赔意向通知书的，丧失要求追加付款和（或）延长工期的权利。一份完整的索赔报告应包括总论部分、根据部分、计算部分及证据部分。

【例 13-3】 某工业生产项目基础土方工程施工中，承包商在合同标明有松软石的地方没有遇到松软石，因此工期提前了 1 个月。但在合同中另一未标明有坚硬岩石的地方遇到更多的坚硬岩石，开挖工作变得更加困难，由此造成了实际生产率比原计划低得多，经测算影响工期 3 个月。由于施工速度减慢，使得部分施工任务拖到雨季进行，按一般公认标准推算，又影响工期 2 个月。为此承包商准备提出索赔，试编写索赔通知。

索 赔 通 知

致甲方代表（或监理工程师）：

我方希望你方对工程地质条件变化问题引起重视。在合同文件未标明有坚硬地方遇到了坚硬岩石，致使我方实际生产率降低，而引起进度拖延，并不得不在雨期施工。

上述施工条件变化造成我方施工现场设计与原设计有很大不同。为此向你方提出工期索赔及费用索赔要求，具体工期索赔及费用索赔依据与计算书附在随后的索赔报告中。

承包商：×××

××××年×月×日

（一）承包商的索赔成立条件

（1）索赔事件已造成了承包人的直接经济损失或工期延误；

（2）造成费用增加或工期延误的索赔事件是非承包人的原因发生的；

（3）承包人已经按照工程施工合同规定的期限和程序提交了索赔意向通知、索赔报告及相关证明材料。

（二）索赔证据

通常情况下，索赔证据如下：

(1) 招标文件、工程合同及附件、业主认可的施工组织设计、工程图纸、地质勘探报告、技术规范等；

(2) 工程各项有关设计的交底记录、变更图纸、变更施工指令等；

(3) 工程各项经业主或监理工程师签认的签证；

(4) 工程各项往来信件、指令、信函、通知、答复等；

(5) 工程各项会议纪要；

(6) 施工计划及现场实施情况记录；

(7) 施工日报及工长工作日志、备忘录；

(8) 工程送电、送水、道路开通与封闭的日期及数量记录；

(9) 工程停水、停电和干扰事件影响的日期及恢复施工的日期；

(10) 工程预付款、进度款拨付的数额及日期记录；

(11) 工程有关施工部位的照片及录像等；

(12) 工程现场的气候记录，有关天气的温度、风力、降雨雪量等；

(13) 工程验收报告及各项技术鉴定报告等；

(14) 工程材料采购、订货、运输、进场、验收、使用等方面的凭据；

(15) 工程会计核算资料；

(16) 国家、省、市有关影响工程造价、工期的文件和规定等。

（三）索赔的计算

1. 费用索赔的计算

索赔费用一般为人工费、材料费、施工机具使用费、企业管理费、利润及保险费等。

1) 人工费

可索赔的人工费包括额外增加工作内容的人工费、超过法定工作时间的加班费、非承包商责任引起工程延误的窝工损失费、非承包商责任的工作效率降低的损失费和法定人工增长费等，各项费用计算如下：

$$加班费 = 消耗的人工工日 \times 人工单价 \times 加班系数 \tag{13-2}$$

$$额外工作所需人工费 = 消耗的人工工日 \times 合同中的人工单价、计日单价或$$
$$重新议定单价 \tag{13-3}$$

$$劳动效率降低的费用索赔额 = (该项工作的实际支出工时 -$$
$$该项工作的计划工时) \times 人工单价 \tag{13-4}$$

$$停工（窝工）损失费 = 窝工人工工日 \times 窝工人工单价 \tag{13-5}$$

2) 材料费

可索赔的材料费通常包括增加额外工作、变更工作性质和施工方法增加额外使用量的材料费、客观原因引起的材料价格上涨的费用和非承包商责任造成工程延误导致材料价格上涨和超期储存的费用。材料费中应包括运输费、仓储费及合理的损耗费。如果由于承包商管理不善，造成材料损坏失效，则不能列入索赔的范围。常见几种可索赔的材料费的计算如下：

$$额外材料使用费 = (实际用料量 - 计划用料量) \times 材料预算单价 \tag{13-6}$$

$$材料价格上涨费用 = (现行价格 - 基本价格) \times 材料使用量 \tag{13-7}$$

$$增加的材料运输、采购、保管费用 = 实际费用 - 报价费用 \tag{13-8}$$

3) 施工机具使用费

可索赔的施工机具使用费包括由于完成合同之外的工作增加的机械使用费、非承包人原因导致的工效降低所增加的机械使用费和由于发包人或监理工程师指令错误或延迟导致机械停工的窝工费。可采用机械台班费、机械折旧费、设备租赁费等几种形式，其计算公式如下：

$$停工或窝工的机械闲置费 = 机械台班折旧费(机械的日租赁费) \times 闲置天数 \tag{13-9}$$

$$完成额外工作增加的机械使用费 = 机械台班单价 \times 工作台班数 \tag{13-10}$$

$$机械作业效率降低费 = 机械作业发生的实际费用 - 投标报价的计划费用 \tag{13-11}$$

4) 企业管理费

企业管理费属于工程成本的组成部分，是指为整个企业的经营活动提供支持和服务所发生的管理费，包括现场管理费和总部管理费，其计算公式如下：

$$现场管理费 = 索赔的直接成本费用 \times 现场管理费率 \tag{13-12}$$

$$总部管理费 = (人、材、机费索赔额 + 现场管理费索赔额) \times 总部管理费率 \tag{13-13}$$

$$承包商的管理费 = 现场管理费 + 总部管理费 \tag{13-14}$$

2. 工期索赔的计算

在工期索赔中应当注意划清施工进度拖延的责任，其计算主要有直接法、网络图分析法和比例计算法。

3. 共同延误的处理

共同延误的处理中首先应判断"初始延误者"，其应对工程拖期负责。在初始延误发生作用期间，其他并发的延误者不承担拖期责任。如果初始延误是发包人的原因，则在其延误期内，承包人可得到工期延长的补偿，也可得到经济补偿。

如果初始延误是客观原因造成的，则在发包人原因造成的延误期内，承包人可得到工期补偿，但无法得到费用补偿。

如果初始延误是承包人原因造成的，则在其延误期内，承包人既得不到工期补偿，也得不到费用补偿。

【例13-4】　某施工现场主要施工机械一台，其为承包人租赁的，施工合同约定，当发生索赔事件时，机械台班单价按1 000元/台班计，人工工资、窝工补贴分别按200元/工日、50元/工日计；以人工费与机械费之和为基数的综合费率为25%。在施工过程中，发生了如下事件：

(1) 出现异常恶劣天气导致工程停工3天，人员窝工30个工日；

(2) 因恶劣天气导致工程修复用工10个工日，发生材料费5 000元，机械1个台班。为此承包人可向发包人索赔的费用是多少？

【解】 异常恶劣天气导致的停工可顺延工期，但不能进行费用索赔。

修复用工的索赔额 = (10 × 200 + 1 000) × (1 + 25%) + 5000 元 = 8 750 元。

第三节 合同价款支付与结算

一、工程计量

（一）工程计量的原则

工程计量是工程计价活动的重要环节，其指对拟建工程项目进行工程数量计算的活动。工程计量的原则如下：

(1) 按合同文件约定的方法、范围、内容等进行计量；

(2) 不符合合同文件相关条款约定的不予计量；

(3) 因承包人原因造成的合同范围外的施工及返工工程量不予计量。

（二）工程计量的依据与范围

工程计量的依据通常包括工程量清单与说明、图纸、合同文件、技术规范、工程变更令、补充协议及质量合格证书等。其计量范围包含工程量清单包含的内容、合同中约定应计量的内容，如预付款、费用索赔等。

（三）工程计量的方法

单价合同工程量必须按承包人完成合同工程应予计量的现行国家工程量计算规范规定的工程量计算规则进行计算。若施工过程计量时，发现招标工程量清单有缺项、因工程变更引起工程量的增减或工程量有偏差,则应按照承包人履行合同义务时完成的工程量计算。

采用工程量清单招标签订的总价合同，工程量应按照与单价合同相同的方式计算。采用经审定批准的施工图及预算方式形成的总价合同，除工程变更规定引起的工程量增减外，总价合同的工程量是承包人结算的最终工程量。总价合同约定的工程计量应以合同经审定批准的施工图为依据，发承包双方应按合同中约定的工程计量时间节点或形象目标进行计量。

二、预付款

工程预付款是发包人按照合同约定，在正式开工前发包人预先支付给承包人，用于组织施工人员和机具进场以及购买工程项目所需的材料的价款。

（一）预付款的支付

按照《建设工程价款结算暂行办法》的规定，在具备施工条件的前提下发包人应在双方签订合同后的一个月内或不迟于其约定的开工日期前的 7 日内预付工程款。如果合同约定承包人需要提供预付款保函的，承包人需要提供预付款保函后方可提出预付款申请。发包人没有按时支付预付款的，应承担由此造成的工期延误、费用的责任，并向承包人支付合理的利润。

预付款的支付方法有如下两种：

1. 百分比法

包工包料工程项目的预付款支付比例不得低于签约合同价（扣除暂列金额）的 10%，不宜高于签约合同价（扣除暂列金额）的 30%，其计算公式为

$$工程预付款 = \frac{年度工程总价 \times 材料比例}{年度施工天数} \times 材料储备定额天数 \tag{13-15}$$

2. 公式计算法

公式计算法是根据主要材料占年度承包工程总价的比重、材料储备定额天数和年度施工天数等因素，通过公式计算预付款额度的一种方式，其计算公式为

$$工程付款额度 = \frac{主要材料所占比重 \times 材料储备天数}{年度施工日历天数} \tag{13-16}$$

（二）预付款的扣回

发包人支付给承包人的预付款属于工程款预支性质，工程实施后，支付的预付款应以抵扣工程款的方式扣回。预付款的扣款方式由发包人和承包人洽商后在合同中予以确定，一般是在承包人完成工程金额累计达到合同总价的一定比例后，由承包人开始向发包人还款，发包人从每次的应付金额中扣回工程预付款，发包人应至少在完工前将工程预付款的总金额逐次扣回，其表达公式为

$$T = P - \frac{M}{N} \tag{13-17}$$

式中，T 为起扣点的累计完成工程金额；P 为承包工程合同总额；M 为工程预付款总额；N 为主要材料及构件所占比重。

【例 13-5】 某工程合同为 11 000 万元，其中主要材料及构件占比为 60%，合同约定的工程预付款为 3 000 万元，进度款支付比例为 80%，按起扣点法计算预付款的起扣点为多少？

【解】 由 $T = P - \dfrac{M}{N}$ 得

$$T = 11\,000 - \frac{3\,000}{60\%} = 6\,000\ 万元$$

所以预付款的起扣点为 6 000 万元。

三、工程进度款支付

工程进度款的支付周期应与合同约定的周期一致，且为了进一步完善建设工程价款结算的相关办法，维护建设市场秩序，减轻建筑企业负担，保障农民工权益，财建〔2022〕183 号文约定"政府机关、事业单位、国有企业建设工程进度款支付应不低于已完成工程价款的 80%；同时，在确保不超出工程总概算以及在工程决算工作顺利开展的前提下，除按合同约定保留不超过工程价款总额 3% 的质量保证金外，进度款支付比例可由发承包双方根据项目实际情况自行确定。"承包人提交的支付申请应包含以下几方面：

(1) 本期完成的合同价款；
(2) 累计已完成的合同价款；
(3) 累计已实际支付的合同价款；
(4) 本期合计应扣减项及相应金额；
(5) 本期实际应支付的合同价款。

四、竣工结算

（一）结算文件编制

竣工结算分为建设项目工程结算、单项工程竣工结算及单位工程竣工结算。竣工结算文件编制的依据主要包括建设工程工程量清单计价规范、投标文件、合同文件、设计文件、施工过程中发承包双方确认的工程量及结算价款、施工过程中发承包双方已确认的变更合同价款及其他依据。暂列金应按减去工程价款调整的金额计算，若有剩余归发包人所有。

（二）结算文件审核

财建〔2022〕183 号文约定"当年开工和当年不能竣工的新开工项目可以实行过程结算。发承包双方通过合同约定，施工过程中按时间或进度节点划分施工周期，对周期内已完成且无争议的工程量进行价款确认及支付，支付金额不得超出已完工部分对应的已批复概算。经双方确认的过程结算文件作为竣工结算文件的组成部分，竣工后原则上不再重复审核。"

国有资金投资建设的工程项目，应委托具有相应资质的造价咨询单位对结算文件进行审核。工程造价咨询单位结算审核工作通常分为准备阶段、审核阶段及审定阶段。竣工结算应采用全面审核法，除合同另有约定外，严禁采用重点审核法及类比审核法等方法进行审核。

（三）竣工结算价款支付

承包人应依据办理的竣工结算文件，向发包人提交竣工结算款支付申请，该申请应包括下列内容：

(1) 竣工结算合同价款总额；

(2) 累计已实际支付的合同价款；

(3) 应扣留的质量保证金；

(4) 实际应支付的竣工结算款金额。

发包人应在收到承包人提交的竣工结算款支付申请后 7 天内进行核实，并向承包人签发竣工结算支付证书。发包人签发竣工结算支付证书后 14 天内，应按照竣工结算支付证书所列的金额向承包人支付结算款。

（四）质量保证金

缺陷责任期是指承包人依据合同约定承担相应的缺陷修复任务，发包人预留质量保证金的缺陷。缺陷责任期最长不超过 2 年，由发承包双方在合同条款中约定，由于发包人原因导致工程无法按时竣工验收的，承包人在提交竣工验收报告 90 日后，自动进入缺陷责任期。

缺陷责任期内，承包人应认真履行合同约定的相关责任，到期后，承包人向发包人申请返还保证金。发包人在接到承包人返还的保证金申请后，应于 14 日内将剩余的质量保证金退还给承包人。

【例 13-6】 某工程项目业主通过工程量清单招标方式确定了某投标人为中标人，并与其签订了工程承包合同，工期为 4 个月。有关工程价款与支付条款约定如下：

1. 工程价款

(1) 分项工程清单，含有甲、乙两项混凝土分项工程，工程量分别为 2 300 m^2、3 200 m^3，综合单价分别为 600 元 /m^3、550 元 /m^2。除甲、乙两项混凝土分项工程外的其余分项工程费用为 50 万元。当某一分项工程的实际工程量比清单工程量增加 (或减少)15% 以上时，应进行调价，调价系数为 0.9(或 1.08)。

(2) 单价措施项目清单，含有甲、乙两项混凝土分项工程模板及支撑和脚手架、垂直运输、大型机械设备进出场及安拆等五项，总费用为 66 万元，其中甲、乙两项混凝土分项工程模板及支撑费用分别为 12 万元、13 万元，结算时，该两项费用按相应混凝土分项工程的工程量变化比例调整，其余单价措施项目费用不予调整。

(3) 总价措施项目清单，含有安全文明施工、雨期施工、二次搬运和已完工程及设备保护等四项，总费用为 54 万元，其中安全文明施工费、已完工程及设备保护费分别为 18 万元、5 万元。结算时，安全文明施工费按分项工程项目、单价措施项目费用变化额的 2% 调整，已完工程及设备保护费按分项工程项目费用变化额的 0.5% 调整，其余总价措施项目费用不予调整。

(4) 其他项目清单，含有暂列金额、专业工程暂估价和总承包服务费三项，费用分别为 10 万元、20 万元，总承包服务费为 5%。

(5) 规费为不含税人材机费、管理费和利润之和的 6%，增值税率为 9%。

2. 工程预付款与进度款

(1) 开工之日 10 天前，业主向承包商支付材料预付款和安全文明施工费预付款。材料预付款为分项工程合同价的 20%，在最后两个月平均扣除；安全文明施工费预付款为其合同额的 70%。

(2) 甲、乙分项工程项目进度款按每月已完工程量计算支付，其余分项工程项目进度款和单价措施项目进度款在施工期内每月平均支付；总价措施项目价款除预付的安全文明施工费工程款部分外，其余部分在施工期内第 2、3 月平均支付。

(3) 专业工程费用、现场签证费用在发生当月按实际费用结算。

(4) 业主按每次承包商应得工程款的 90% 支付。

3. 竣工结算

(1) 竣工验收通过后 30 天内进行竣工结算。

(2) 措施项目费用在结算时根据取费基数的变化调整。

(3) 业主按实际总造价的 3% 扣留工程质量保证金，其余工程款在收到承包商结清支付申请后 14 天内支付。

承包商每月实际完成并经签证确认的分项工程项目工程量如表 13-2 所示。

表 13-2　每月实际完成工程量表　　　　　　　　　单位：m³

分项工程	每月完成工程量				累　计
	1	2	3	4	
甲	500	800	800	600	2 700
乙	700	900	800	300	2 700

施工期间，第 2 月发生现场签证费用 3 万元；专业工程分包在第 3 月进行，实际费用为 22 万元。

问题：

(1) 试计算安全文明施工费及预付款。

(2) 施工期间每月承包商已完工程款为多少万元？每月业主应向承包商支付工程款多少万元？到每月底累计支付工程款为多少万元？

(3) 试计算质量保证金及竣工结算款。

【解】(1) 各项费用计算如下：

① 不含税签约合同价 $= \sum$ 计价项目费用 × (1 + 规费率)

$\qquad = \sum$ (分部分项工程项目费用 + 措施项目费用 + 其他项目费用) × (1 + 规费率)

$$= \left[\frac{2300 \times 600 + 3200 \times 550}{10\,000} + 50 + 66 + 54 + 10 + 20 \times (1 + 5\%) \right] \times (1 + 6\%) \text{ 万元}$$

$\qquad = [314 + 50 + 66 + 54 + 10 + 20 \times (1 + 5\%)] \times (1 + 6\%)$ 万元

$\qquad = 545.90$ 万元

含税签约合同价 = 不含税签约合同价 × (1 + 税率) = 545.90 × (1 + 9%) = 595.03 万元

② 业主应支付给承包商的材料预付款 $= \sum$ (分项工程项目工程量 × 综合单价) × (1 + 规费率) × (1 + 税率) × 预付率 = 364 × (1 + 6%) × (1 + 9%) × 20% = 84.11 万元。

③ 业主应支付给承包商的安全文明施工费预付款 = 相应费用额 × (1 + 规费率) × (1 + 税率) × 预付率 × 90% = 18 × (1 + 6%) × (1 + 9%) × 70% × 90% = 13.10 万元。

(2) 工程进度款支付金额计算如下：

每月承包商已完工程款 = $\sum$（分项工程项目费用 + 单价措施项目费用 + 总价措施项目费用 + 其他项目费用）× （1 + 规费率）× （1 + 税率）。

第 1 月：

① 承包商已完工程款 = $\left[\dfrac{500 \times 600 + 700 \times 550}{10\,000} + \dfrac{50 + 66}{4}\right] \times (1 + 6\%) \times$

$(1 + 9\%)$ 万元 = 112.65 万元。

② 业主应支付工程款 = 112.65 × 90% 万元 = 101.39 万元。

③ 累计已支付工程款 = 13.10 + 101.39 万元 = 114.49 万元。

第 2 月：

① 承包商已完工程款 = $\Bigg[\dfrac{800 \times 600 + 900 \times 550}{10\,000} + \dfrac{50 + 66}{4} + \dfrac{54 - 18 \times 70\%}{2} +$

3）$\Bigg] \times (1 + 6\%) \times (1 + 9\%)$ 万元 = 173.54 万元。

② 业主应支付工程款 = 173.54 万元 × 90% = 156.19 万元。

③ 累计已支付工程款 = 114.49 + 156.19 万元 = 270.68 万元。

第 3 月：

① 承包商已完工程款 = $\Bigg[\dfrac{800 \times 600 + 800 \times 550}{10\,000} + \dfrac{50 + 66}{4} + \dfrac{54 - 18 \times 70\%}{2} +$

$22 \times (1 + 5\%) \Bigg] \times (1 + 6\%) \times (1 + 9\%)$ 万元 = 190.41 万元。

② 业主应支付工程款 = $190.41 \times 90\% - \dfrac{84.11}{2}$ 万元 = 129.31 万元。

③ 累计已支付工程款 = 270.68 + 129.31 万元 = 399.99 万元。

第 4 月：

① 分项工程综合单价调整计算如下：

甲分项工程累计完成工程量的增加数量超过清单工程量的 15%，超过部分的工程量为

$$2\,700 - 2\,300 \times (1 + 15\%) \text{ m}^2 = 55 \text{ m}^2$$

其综合单价调整为 600 × 0.9 = 540 元 / m²。

乙分项工程累计完成工程量的减少数量超过清单工程量的 15%，其全部工程量的综合单价调整为 550 × 1.08 元 /m³ = 594 元 / m³。

② 承包商已完工程款 = $\Bigg[\dfrac{(600 - 55) \times 600 + 55 \times 540 + 2\,700 \times 594 - (700 + 900 + 800) \times 550}{10\,000} +$

$\dfrac{50 + 66}{4}\Bigg] \times (1 + 6\%) \times (1 + 9\%)$ 万元 = 107.51 万元。

③ 业主应支付工程款 = $107.51 \times 90\% - \dfrac{84.11}{2}$ 万元 = 54.70 万元。

④ 累计已支付工程款 = 399.99 + 54.70 万元 = 454.69 万元。

(3) 竣工结算款计算如下：

① 分项工程项目费用调整计算如下：

甲分项工程费用增加 = $\dfrac{2\,300 \times 15\% \times 600 + 55 \times 540}{10\,000}$ 万元 = 23.67 万元

乙分项工程费用减少 $= \dfrac{2\,700 \times 594 - 3\,200 \times 550}{10000}$ 万元 $= -15.62$ 万元

小计：$23.67 - 15.62 = 8.05$ 万元。

② 单价措施项目费用调整计算如下：

甲分项工程模板及支撑费用增加 $= 12 \times \dfrac{2\,700 - 2\,300}{2300}$ 万元 $= 2.09($ 万元 $)$

乙分项工程模板及支撑费用减少 $= 13 \times \dfrac{2\,700 - 3\,200}{3200}$ 万元 $= -2.03$ 万元

小计：$2.09 - 2.03$ 万元 $= 0.06$ 万元。

③ 总价措施项目费用调整 $= (8.05 + 0.06) \times 2\% + 8.05 \times 0.5\%$ 万元 $= 0.20$ 万元。

④ 实际竣工结算价及支付 $= [(364 + 8.05) + (66 + 0.06) + (54 + 0.20) + 3 + 22 \times (1 + 5\%)] \times (1 + 6\%) \times (1 + 9\%)$ 万元 $= 598.97$ 万元。

工程质量保证金 $= 598.97 \times 3\%$ 万元 $= 17.97$ 万元。

竣工结算最终支付工程款 $= 598.97 - 84.11 - 17.97 - 454.69$ 万元 $= 42.20$ 万元。

第四节　竣工决算

建设工程竣工决算文件是由建设单位编制的反映建设项目实际造价和投资效果的文件，该文件是竣工验收报告的重要组成部分，也是基本建设经济效果的全面反映，是核定新增固定资产价值、办理交付使用的依据。竣工决算文件由竣工财务决算说明书、竣工决算报表、工程竣工图及工程造价对比分析四个部分组成。

一、竣工决算应具备的条件

工程竣工结算应按照送审金额入账，不能按照咨询单位的审定金额入账，建设项目竣工决算审计应具备以下条件：

(1) 建设项目各单项工程已验收合格；

(2) 单项或单位工程等办理竣工结算且已入账；

(3) 按照权责发生制的原则，所有应当计入建设项目成本的费用已全部入账；

(4) 建设项目竣工财务决算报表已办理妥当；

(5) 剩余甲供材料物资已盘点核实，债权债务已清理。

二、建设项目竣工决算审计的主要内容

建设项目竣工决算审计的主要内容包括以下几项：

(1) 建设项目管理审计；

(2) 工程竣工结算 (造价) 审计；

(3) 建设项目竣工财务决算审计；

(4) 建设项目投资绩效审计。

本章主要介绍了工程结算与决算的内容，介绍了合同价款的管理，详细讲解了竣工结算与竣工决算的概念，通过本章的学习，读者可以掌握竣工结算价款的计算方法，同时本章还给出了相应的案例，帮助读者加深对知识点的理解。

思考与练习

一、单项选择题

1. 某工程合同总额为 2000 万元，其主要材料占比为 50%，合同约定的工程预付款总额为 300 万元，则按起扣点计算法计算的预付款起扣点为 (   )。

A. 1400 万元 B. 1200 万元 C. 1000 万元 D. 600 万元

2. 根据《建设工程质量保证金管理办法》，质量保证金总预留比例不得高于工程价款结算的 (   )。

A. 2% B. 3% C. 5% D. 10%

二、多项选择题

1. 关于招标人与中标人合同的签订，下列说法正确的是 (   )。

A. 双方在投标有效期内并在自中标通知书发出之日起 30 日内签订施工合同

B. 双方在投标有效期内并在收到中标通知书之日起 30 日内签订施工合同

C. 中标人无正当理由拒绝签订合同的，招标人可不退还其投标保证金

D. 双方应按照招标文件和投标文件订立书面合同

E. 招标人可以在确定中标人后与投标人协商按中标价下浮 3% 签订施工合同

2. 根据《建设工程工程量清单计价规范》(GB 50500—2013)，下列关于竣工结算的计价原则错误的是 (   )。

A. 总承包服务费依据合同约定金额计算，不得调整

B. 计日工按发包人实际签证确认的事项计算

C. 总价措施项目应依据合同约定的金额计算，不得调整

D. 暂列金应减去工程价款调整金额计算，余额归发包人

E. 规费和税金应采用竞争性报价

三、思考题

1. 竣工结算支付申请包含哪些内容？

2. 竣工结算与竣工决算的区别是什么？

附 录

附录1 《房屋建筑与装饰工程工程量计算规范》 (GB 50854—2013)(节选)

（扫描下方二维码）

附录 2　各章思考与练习参考答案

（扫描下方二维码）

参 考 文 献

[1]　中华人民共和国住房和城乡建设部，中华人民共和国国家质量监督检验检疫总局．建设工程工程量清单计价规范：GB 50500—2013［M］．北京：中国计划出版社，2013．

[2]　中华人民共和国住房和城乡建设部，中华人民共和国国家质量监督检验检疫总局．房屋建筑与装饰工程工程量计算规范：GB 50854—2013［M］．北京：中国计划出版社，2013．

[3]　中华人民共和国住房和城乡建设部，中华人民共和国国家质量监督检验检疫总局．建筑工程建筑面积计算规范：GB/T 50353—2013［M］．北京：中国计划出版社，2014．

[4]　四川省建设工程造价总站．四川省建设工程工程量清单计价定额［M］．成都：四川科学技术出版社，2020．

[5]　中国建筑标准设计研究院．混凝土结构施工图平面整体表示方法制图规则和构造详图：11G101-2［M］．北京：中国计划出版社，2011．

[6]　吴洋，伍娇娇．建筑工程计量与计价［M］．武汉：武汉大学出版社，2015．

[7]　肖毓珍，肖茜．工程量清单计价［M］．武汉：武汉大学出版社，2014．

[8]　全国造价工程师职业资格考试培训教材编审委员会．建设工程技术与计量：土木建筑工程部分［M］．北京：中国计划出版社，2021．

[9]　全国造价工程师职业资格考试培训教材编审委员会．建设工程计价［M］．北京：中国计划出版社，2021．

[10]　丁洁民，巢斯，赵昕，等．上海中心大厦结构分析中若干关键问题［J］．建筑结构学报，2010(6)：10．